韧性人居

新冠防疫时期
东南建筑学者的思考·下册

东南大学建筑学院
东南大学建筑设计研究院有限公司　著

东南大学出版社·南京

目录
CONTENTS

序　言——抗击 COVID-19 疫情时期的东大院　●　004

01　助力防疫之战，探索南京模式——南京市公共卫生医疗中心　●　015　纪实篇
　　病房楼应急设计工作纪实

02　从战时突击到未雨绸缪——江苏省《公共卫生事件下体育馆　●　027
　　应急改造为临时医疗中心设计指南》编制工作纪实

　　　　　　　　　　　　　　　　　　03　工程档案　●　039　实践篇
04　应急性与长效性——南京市公共卫生医疗中心应急病房楼工程设计　●　047

05　南京市公共卫生医疗中心应急病房楼工程结构设计　●　063

06　南京市公共卫生医疗中心应急病房楼工程给排水设计　●　075

07　南京市公共卫生医疗中心应急病房楼工程电气设计与思考　●　091

08　南京市公共卫生医疗中心应急病房楼工程智能化系统设计　●　101

09　南京市公共卫生医疗中心应急病房楼工程暖通设计与思考　●　113

　　　　　　　　　　　　　　　　　　10　群论一组　●　129　思考篇

11　健康与安全诉求下城市老旧菜场的智慧空间优化策略　●　139

12　居住建筑防疫安全设计与思考　●　153

13　疫情中的办公建筑空调、通风系统运行及设计思考　●　175

14　方舱医院给水排水设计与思考　●　185

15　新冠疫情下排水系统的对策与反思　●　201

16　体育馆改造为临时医疗中心的智能化系统设计探讨　●　221

17　体育馆改造为临时医疗中心的配电设计分析与思考　●　235

18　体育馆改造为临时医疗中心的暖通设计探讨　●　245

19　城市公共体育馆的应急性防疫救治临时改造设计与思考　●　259

20　战疫反思——多维度视角的公共卫生事件下建筑应对策略　●　275

21　城市公共卫生事件下应急工程的设计与思考　●　287

22　体育馆应急改造为临时医疗中心的可行性研究　●　305

公共卫生事件下体育馆应急改造为临时医疗中心设计指南　●　329

序　言
——抗击 COVID-19 疫情时期的东大院

2020 年春节前后发生的 COVID-19 疫情（"新冠疫情"）形势严峻，牵动亿万人心。在举国抗疫、全民抗疫的时期，东南大学建筑设计研究院有限公司（以下简称东大院）全体员工积极贯彻落实习近平总书记重要指示精神和党中央、国务院决策部署，以及江苏省、南京市政府和东南大学的一系列抗疫要求，与祖国和人民一道共克时艰，知难而进。疫情期间，东大院守望相助，一手防控、一手生产，虽历种种困难纠结，仍坚守初心，与人民患难与共，与业主同力协契。谨此略录抗击新冠疫情时期东大院的应对、坚守与奉献。

一、防控，守土尽责

东大院本部大楼地处东南大学四牌楼校区校园内部，作为全校疫情防控必须覆盖的空间领域之一，面对这样一场大战，每个局部战场都事关防疫全局。东大院党政、条线守土有责、站位明确、通盘布局、密集行动，在疫情防控的阻击战中守住了阵地。

1 月 23 日，号角接力，全渠道发布省、市、学校疫情防控指示，要求全体员工按卫生防疫部门公布的方法落实有效防护措施。

1 月 26 日，多方协调，开始储备应急医疗物资。

1 月 28 日，建立员工每日动态报备，全方位摸排员工动向，重点关注、关怀疫情重区的员工安危。

1月29日，告知退休同志相关防疫通知，请他们放松心情，提高警惕，与院部保持密切联系。

1月30日，东大院微信公众号发布《致项目建设单位和相关单位的告知书》，官宣延迟复工和线上办公的决定，切实保障员工安心居家抗疫；建立"东大院导师群"，敦请导师务必提醒、关注、关怀到每一位研究生。

2月2日，发布《致东大院全体党员、全体员工的一封信》，号召全员把"践初心"和"担使命"体现在本次防疫战斗和工作岗位上，强调"值此举国抗疫非常时期，尽本分即是守初心，守好自己、守好小家、守好单位即是担使命"，充分凝聚士气，汇聚抗疫力量。

2月3日，出台《关于成立新冠疫情防控工作领导小组的通知》，明确责任，强化担当；建立"共同战疫——部门负责人支部书记群"，集中宣传、部署各项防控工作。

2月4日，出台《新冠疫情防控期间工作管理制度》，同时印发《综合行政部防控实施工作细则》《生产经营部工作细则》《消毒消杀实施细则》，层层落实，责任到人，切实推进当前和复工后的疫情防控工作。

2月7日，发布《关于公司近期办公方式的通知》，制定《复工前疫情防控及生产保障工作实施方案》，在坚决做好校园防控的同时，稳步推进生产发展。

2月8日，发布《复工前员工进入办公场所防控管理规定》，有序安排部分员工返校开展生产经营工作。

2月28日，发布《疫情防控期间"学府一舍"办公管理规定》，安排重点紧急项目集中办公。

3月2日，按学校防控工作领导小组要求制定《新冠肺炎防控期间工作方案》，做好全面复工复产预案。

3月3日，发布《疫情防控期间员工出差管理规定》，在保障生产服务的同时，狠抓疫情防控绝不松懈。

3月13日，发布《关于调整公司复工安排工作的通知》，结合公司实际落实学校疫情防控暨应急处置工作组通告精神。

党政、条线统筹推进疫情防控的工作，涉及建章立制、上传下达、宣传安抚、全员摸排、总结汇报、沟通协调、采购储备、审批申报等一系列扎实细致且及时的举措，切实落实各项防控措施。全体员工密切配合抗疫部署，友爱互助、克己奉公，抗疫两月余来，未发生任何事故，为守卫校园安全做出了贡献，为生产复工建立了牢固的基础。

二、生产，迎难突围

"一手抓防控，一手抓生产。"

2月2日起，生产经营部牵头各生产部门共同排查项目进度，对于工期紧张的重大项目重点关注，排除万难保障生产。

2月7日，东大院出台《数字化办公指南》，指导全员居家远程办公。

2月10日起，600余东大院人开始居家坚守岗位，进行云统筹、云办公、云会议、云招聘，全员线上复工。

随着国内疫情防控形势逐渐向好，在各业主单位业已复工的情况下，因身处高校防控战场，不容一丝闪失，学校在相当一段时期内只同意东大院少部分人员（先期15%，后期50%）入校园复工。长时间不能就工程创作展开面对面交互研讨给生产发展造成的阻力愈发凸显，相关业务的展开面临明显的困境。东大院一方面在位于校园外部的办公场所"学府一舍"紧急安排重点项目组复工，另一方面租用临时办公场所解决部分项目的集中办公需求，同时加大协调和统筹力度，切实提高工作效率。在近60天的居家办公期间，东大院人传承发扬"始于点划，止于至善"之企业文化，不断攻坚克难。为完成南京紫东地区核心区城市设计国际咨询竞赛项目，东大院数十人的设计团队从正月初五开始第二标段的方案调整工作，在疫情期间保持会议软件全天在线，连续作战，最终中标；在杭州中联筑境建筑设计有限公司与东大院联合体参与的北京新国展二期和三期项目设计方案国际征集中，分散在不同城市的设计团队成员在疫情期间经历了 40 余天超高强度的居家远程合作，进行线上交流、总结提升、汇报准备等，使得工作如期完成；三家设计企业联合开展的厦门新体育中心施工图设计项目规模大、难度高、工期紧，多团队跨地区协同作战，仅东大院设计团队就有 60 余人参与，涉及公司 8 个部门。方案深化团队从大年初二即行居家复工，2 月 10 号始，整个设计团队在学府一舍集中复工，全员奋力拼搏，全力突击，至 3 月底完成体育馆、游泳馆等约 30 万 m^2 的方案深化和扩初设计。

截至 2020 年 3 月底，在新冠疫情期间，东大院各项目团队在困境中突围，累计完成方案投标 16 项，中标 7 项；完成商务投标 11 项，中标 7 项；完成前期研究项目 7 项，推进项目设计 79 项；完成扩大初步设计和施工图设计 16 项，总计 70 余万 m^2。

三、冲锋，闻令而动

疫情就是命令！在这次抗击新冠肺炎疫情的战役中，东大院充分发挥专业技术优势，两次临危受命，为江苏省及南京市的新冠阻击战贡献出东大力量。

一级响应，突击南京市公共卫生医疗中心（南京市第二医院汤山分院、江苏省传染病医院）应急病房楼工程设计。面对新冠疫情发展的严峻形势，南京市委市政府紧急决策在南京市公共卫生医疗中心一期工程的基础上紧急扩容，扩建应急病房楼。自 2020 年 1 月 29 日（正月初五）傍晚火线接令，东大院设计团队创造了"1 晚出方案，24 小时定稿，3 天出图"的战时速度，完成了总面积 20240 m^2、总计 288 间的装配式应急病房楼和一栋 32 间医护人员隔离用房及相关配套的工程设计，驻场设计服务团队14天坚守在施工现场一线，确保工程如期建成交付。南京市住房和城乡建设委员会（以下简称南京市建委）为此致函东南大学，感谢东大院对防疫工作的大力支持和辛勤付出，充分体现了东大院人的战斗力和社会责任担当。

双线作战，接令牵头编写江苏省《公共卫生事件下体育馆应急改造为临时医疗中心设计指南》（以下简称《指南》）。2月8日，江苏省住房和城乡建设厅（以下简称江苏省住建厅）向江苏省政府提出"关于在疫期将体育馆临时改造为应急医疗中心的可行性建议"，并组织东大院、南京大学建筑规划设计研究院有限公司（以下简称南大院）和江苏省建筑设计研究院有限公司（以下简称江苏省院）三家设计院并行开展可行性研究。东大院团队连夜奋战，2天形成可行性研究草案，5天完成可行性研究报告。经江苏省住建厅组织、协调和整合，形成综合可研报告。2月17日，江苏省住建厅下达《指南》编制任务，东大院作为牵头单位，与南大院、江苏省院组成联合课题组，昼夜兼程，通力合作。2月23日，该《指南》经专家评审会评审，一致通过。该项任务与南京市公共卫生医疗中心应急病房楼工程设计任务的时间交叉重叠，东大院充分发挥高校设计院学科资源、人才队伍、技术储备的综合优势，高效协调组织，从可研到可行，火线15天，再次助力江苏抗疫速度，为政府决策提供了专业支持和技术保障。江苏省住建厅为此致函东南大学，感谢东大院的全力参与和支持，高度评价了团队成员的倾力合作和忘我精神。

疫中思策，东大院智库发声。本次疫情同时引发了建筑类学科领域和设计行业的深刻反思与广泛讨论，东大院韩冬青、马晓东、高崧、曹伟等专家学者受江苏省住建厅组织邀约，就"疫情下建筑和城市的反思与应对"议题展开笔谈，助力打赢新冠疫情防控阻击战，并为未来的韧性人居及城镇环境建设提供思想启迪和应对之策。

2020春光失约，但终究还是来了！4月8日零时，前线武汉解封，抗疫之战已成另一种全球格局。抗疫时期的东大院，全力凝聚全体员工的情感和信念，守土尽责；抗疫时期的东大院，在困境中坚持创作与生产，耕耘不辍；抗疫时期的东大院，不忘使命与担当，召必战，战必胜！

执笔人：高 嵩 曹 伟 孙 逊 宋园园

2020 年 4 月 10 日

01

助力防疫之战，探索南京模式——南京市公共卫生医疗中心病房楼应急设计工作纪实

015

02

从战时突击到未雨绸缪——江苏省《公共卫生事件下体育馆应急改造为临时医疗中心设计指南》编制工作纪实

027

纪实篇

助力防疫之战，探索南京模式——
南京市公共卫生医疗中心病房楼应急设计工作纪实

面对新型冠状病毒性肺炎疫情迅速蔓延的严峻形势，南京市委市政府紧急决策，在现有南京市公共卫生医疗中心（市第二医院汤山分院）的基础上，紧急扩容建设应急工程。

东大院临危受命，负责本次应急工程——南京市公共卫生医疗中心应急病区的设计工作。应急扩建工程是省、市政府的再次未雨绸缪之举，要求在 2 周内紧急完成总面积 20240 m^2、总计 288 间的装配式应急病房楼和 1 栋 32 间医护人员隔离用房及相关配套工程的设计与建设。

南京市公共卫生医疗中心（南京市第二医院汤山分院）是南京市政府在非典之后建设的总面积达 11 万 m^2 的医院，是南京市政府应对突发公共卫生事件的战略之举，被誉为南京"小汤山"（图 1~ 图 3）。项目于 2015 年建成，2016 年投入使用，由东大院团队完成该项目的方案优化和整体施工图设计。在这次新型冠状病毒感染的肺炎疫情中，作为江苏省和南京市定点收治医院，南京公共卫生医疗中心发挥抗疫定海神针的作用。

一、接令！时不我待，全面部署

2020 年 1 月 27 日，南京市委市政府紧急决策，在现有南京市公共卫生医疗中心收治能力基础上应急扩容，为全市防疫收治能力加上双保险，同时作为江苏省传染病医院、江苏省传染病紧急医学救援基地，必要时还可为全省救治传染病提供更大的储备容量。

图 1 南京市公共卫生医疗中心鸟瞰图

图 2 南京市公共卫生医疗中心透视图

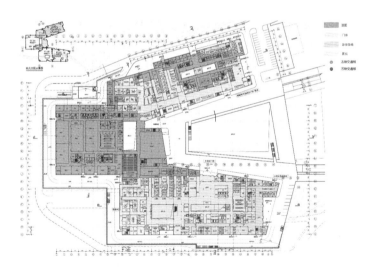

图 3 南京市公共卫生医疗中心一层平面图

2020年1月29日傍晚，接到南京市建委、南京市城市建设投资控股（集团）有限责任公司（以下简称南京市城建集团）紧急通知后，东大院常务副总经理曹伟立即赶赴现场接受南京市公共卫生医疗中心应急工程的设计任务。疫情就是命令，时间就是生命。东大院紧急进入一级响应状态，当晚即组建了一支由东大院领导牵头，技术总工和业务骨干组成的经验丰富、战斗力强的设计团队（图4、图5）。

图4 设计团队现场办公

图5 现场讨论

二、速度！兵贵神速，争分夺秒

1. 提前 1 天！预案

在正式接到紧急任务之前的 1 月 28 日，东大院已受南京市公共卫生医疗中心委托，进行临时医院可行性方案研究，并提交了汇报成果。

2. 1 晚！方案

1 月 29 日 16:30，东大院紧急赶赴南京市公共卫生医疗中心接受设计任务，在现场通过电话联系组建设计团队。当晚 20 时，设计团队迅速到位，连夜开展设计资料的收集、任务书的拟定、规划及建筑方案的讨论，并迅速形成方案草案（图 6）。

图 6 设计团队现场讨论

3. 24 小时！定稿

1 月 30 日 9:00，11 人的设计团队在南京市公共卫生医疗中心 A 楼集中进行现场设计。项目场地高差大，限制条件多，应急工程建设的同时又要兼顾未来二期扩建的整体性需求，难度很大。项目团队分工协作，提供了扩建规划、应急病房方案、结构设计、机电设备方案，装配式厢式板房生产单位配合各项工作有序开展。经过一整天紧张而忙碌的工作，当晚完成 32 万 m^2（480 亩）用地范围内的整体规划和 288 间 2 万 m^2 应急病房的建筑设计方案。1 月 31 日 14:30，在南京市邢正军副市长组织的方案汇报会上，设计方案获得参会各方的充分肯定并一致通过，迅速地转入施工图设计阶段。

4. 3 天！出图

各专业人员协同配合，迅速开展涵盖建筑、结构、水、电、暖、智能、BIM、景观的施工图设计。20 多人的设计团队从专业技术总工到设计人员通宵达旦，攻克场地竖向处理、院区雨污水收集消毒处理等问题。这些在平时看起来根本不是问题，但在应急工程中，因为需要短时间内将设备采购到位，并且确保现场按时建设完成，由此成为技术方案中的难点。团队一天内完成主体建筑的施工图，至 2 月 2 日中午，各专业完善外部管线及相关专项设计，提交全套施工图设计成果并于当天与施工单位完成现场设计交底（图 7、图 8）。

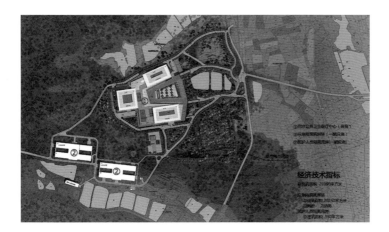

图 7 总平面图

①市级公共卫生医疗中心（规划）
②污水处理站（一期建设）
③隔离人员留观用房（一期建设）

经济技术指标

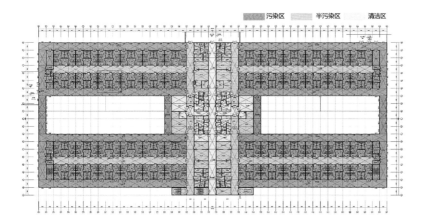

污染区　　半污染区　　清洁区

图 8 一号楼二层平面图

5. 14 天！坚守

施工图纸完成后，更为烦琐的设计服务仍在持续进行。各专业分别组成驻场服务团队和后方设计团队。驻场设计团队回应施工现场不断出现的各种情况，第一时间调整和处理；后方设计团队则及时修改完善设计图纸，确保工程建设快速推进（图9）。先期72间装配式病房在2月12日建成使用，如有需要，后期总计288间病房也将在接到指令后3日内迅速完成。

支援防疫，我们责无旁贷！

三、专业！理念领先，南京模式

南京市公共卫生医疗中心应急工程设计在借鉴北京小汤山医院、武汉火神山和雷神山应急医院建设经验的同时，也形成鲜明的"南京模式"。

图9 服务现场

（1）东大院参与设计、已建成的南京市公共卫生医疗中心选址位于远离城区达 20 多 km 的青龙山，这是应对突发性公共卫生事件的医疗战备资源。（2）应急工程的建设依托南京市公共卫生医疗中心，具有医疗资源优势。（3）平战结合、应急与永备相结合。场地基础和各种设备主管线是永久的，而采用装配式集装箱模块化的架空建筑则可以在极短时间内实现现场拼装，待疫情过后即可拆除回收，场地恢复为绿地和停车场地，但作为应急灾备场地的功能则永久保留。（4）继续推进扩建工程，通过省市共建将南京市公共卫生医疗中心升级打造成国内一流的传染病综合防治研究中心，提升应对突发性公共卫生事件的能力。

在设计时间非常紧急的同时，各专业设计团队与 BIM 设计团队密切配合，基本同步开展 BIM 设计，通过 BIM 优化设计，指导工厂模块化生产、各类管道安装、孔洞预留和现场的施工，提升了工厂生产和现场装配施工效率。

四、责任！间不容息，使命必达

根据南京市委市政府的决策部署，由南京市建委、南京市城建集团组建了应急工程现场指挥部，协同高效、有条不紊地推进基础土建、板房、配套道路和给排水等各项建设。

对于这场攻坚战，东大院设计团队全力以赴，交出了一份漂亮的答卷。

由于项目用地高差大，限制条件较多，需要设计人员反复对场地条件进行踏勘比对，并结合现场施工的实际情况对图纸进行不断修改，还须根据在有限的时间内能够采购到的建筑材料调整设计。

环境的复杂、多种因素的交织、时间的紧迫，不容许我们的设计有一丝的疏忽。在疫情防控形势严峻的时期，我们的设计师明知可能存在风险，却没有畏惧退缩，坚守岗位，义无反顾地肩负起超强负荷的设计任务。他们几乎天天奔波于现场和单位之间，白天现场交底、答疑，晚上通宵修改、审核图纸，确保应急工程顺利建设，再现了东大院参与 2008 年汶川地震江苏省对口援建绵竹市 1000 床抗震救灾医院应急设计的场景，充分体现了东大院人的战斗力和社会责任担当！

图 10 东大设计人在行动

图片来源

图 1、图 2 指挥部无人机拍摄。

图 3 东南大学建筑设计研究院绘制。

图 4~ 图 6 笔者拍摄。

图 7、图 8 东南大学建筑设计研究院绘制。

图 9、图 10 笔者拍摄。

执笔人

曹　伟

孙承磊

沙晓冬

02

从战时突击到未雨绸缪——
江苏省《公共卫生事件下体育馆应急改造为
临时医疗中心设计指南》编制工作纪实

新型冠状病毒肺炎疫情暴发后，东大院在 2016 年建设完成的南京市公共医疗卫生中心的基础上，经数天鏖战，完成了该中心应急隔离病房的扩建设计（"南京小汤山 2.0 版"）。战时突击设计尚在进行，未雨绸缪已经开始。经历 15 天的合作奋战，江苏省《公共卫生事件下体育馆应急改造为临时医疗中心设计指南》于 2020 年 2 月 23 日通过专家论证。

为进一步加强突发公共卫生事件下的应急预案储备，2 月 8 日，江苏省住建厅提出"关于在疫期将体育馆临时改造为应急医疗中心的可行性建议"，江苏省主要领导当日批示。在江苏省住建厅统一部署下，东大院紧急响应，与南大院和江苏省院共同开展可行性研究。

一、紧急响应

2 月 8 日接到任务，即刻组织布署。因疫情防控、居家办公要求，课题组成员建构临时工作站，台式电脑、笔记本电脑、平板电脑、手机多介质同时连线不同专业方向，协同作战。

二、案例急研

研究团队迅速调集资源，盘点东大院设计并建成的省内县级体育馆，查找全套设计图纸，优选典型样本案例。同时，充分发挥高校设计院学科优势，以及人才队伍强、技术储备足的特点，集结了体育建筑专家、医疗建筑专家和各技术工种专家汇聚智慧。2 月 10 日，通过连夜奋战形成可行性研究草案。

2月13日，研究团队根据专家意见修改完善，形成可行性研究报告。
2月14日，江苏省住建厅报送的可行性研究报告获省主要领导批示，
江苏省政府转各地"深入研究，作为长期战略储备"。

三、两线作战

在接到可行性研究任务时，东大院设计的"南京小汤山 2.0 版"尚未建设完工。东大院必须在第二条战线上从容应对，组建高水平技术队伍并充分发挥高效的组织协调能力。

四、《指南》编研

2 月 17 日，江苏省住建厅正式下达《公共卫生事件下体育馆应急改造为临时医疗中心设计指南》（以下简称《指南》）编制任务。
东大院负责牵头，再次调集院内各专业总工和精兵强将，与南大院、江苏省院组成联合课题组进入编制研究阶段。

五、协同奋战

在新冠疫情之前，我国并没有太多将体育馆改造成临时医疗中心的经验。为此，我们强调专门聘请医疗界一线专家，包括原南京市第一医院副院长冯丁、鼓楼医院行政处副处长许云松、原江苏省卫生健康委员会感染控制专业委员会主任姜亦虹共同深入研究，及时了解武汉前线正在运行的方舱医院使用状况，从临床角度为应急改造设计提出意见和建议。

数日内，三家联合的课题团队通力合作，不分彼此，充分发挥各自优势，编制与校审交叉作业，多轮循环，共同形成《指南》征求意见稿。

2 月 22 日中午，《指南》征求意见稿发送评审专家审核。

2 月 23 日下午，江苏省住建厅组织召开《指南》视频论证会，并评审通过。

六、编制意义

突发性传染病的暴发并非常态，我国现行的医疗资源配置体系在设区市配置传染病医院。在疫情突然暴发时，应当迅速做出反应，调度可利用的资源为医疗救治服务，为集中隔离、最大化收治救护赢得时间。

现实的经验教训表明，疫情的扩大化始于病患激增带来的医疗系统崩溃危机。如能将各县（县级市）均有的体育场馆有效利用，及时转化为医疗资源，将游散于社会上的传染源集中隔离收治，将有利于快速有效地控制疫情。

应急改造后的临时医疗中心作为设区市传染病医院的补充，可收治大量经确诊的轻症患者。由体育馆转换的临时医疗中心具有空间规模相对充足、室外场地面积大等特点，紧急情况下征用对居民正常生活影响较小。体育馆通常与周边其他建筑有一定的防护距离，配备的电力、通信、供水、无障碍等基础设施相对完善。建筑内部原本就分设了运动员区、裁判区、办公区、媒体区等多个独立的功能区和出入口，向临时医疗中心转化时，能够较好对应医疗救治的功能分区，并设置医护人员、患者进出院、重症转院、洁净物品、物资货物、污物垃圾等多个需要分设的出入口。其临时改造布置更加快速，医护救治效率更高。

七、技术特色

该《指南》汇集了多学科科研成果和技术经验，针对既有体育馆在改造设计工作中所遇的各类问题给出可行的指导意见，并提供了可供选择的技术建议和参考性案例。

该《指南》提出了改造设计预案编制工作应遵循的应急性原则、安全性原则、合理性原则、可逆性原则和实操性原则，从选址与总平面设计、建筑、结构与材料、给水排水、暖通空调、电气、智能化等专业设计和建设与运维等方面系统地呈现了既有体育馆应急改造为医疗中心的相关技术要点，为各地因地制宜地开展应急改造设计预案的编制工作提供了基础性指导。

在江苏省住建厅组织召开的专家论证会上，来自建筑、结构、给水排水、电气、暖通、医疗等专业的专家一致认为，《指南》编制立足应急性、安全性、合理性、可逆性和实操性，系统阐述了既有体育馆进行应急改造的技术要点和相关技术方案。《指南》可作为设计单位的技术参考，也可为业主和使用者提供工作参考，为全省各地加强"平战结合"，开展应急医疗场所储备提供决策支撑和技术指导。当晚，汇聚三家设计机构的联合课题组结合专家意见，对《指南》进行了最终修改与审定。

非常时期，非常作战，奉献人民，不辱使命！

参与《公共卫生事件下体育馆应急改造为临时医疗中心设计指南》编制的东南大学建筑设计研究院课题组成员

韩冬青　　曹　伟　　高　崧　　侯彦普
吉英雷　　张咏秋　　陈　俊　　臧　胜
李　骥　　梁沙河　　韩重庆　　刘　俊
龚德建　　范大勇　　殷伟韬　　袁　俊
刘永刚　　章敏婕　　朱筱俊　　王智劼
史旭辉

特别致谢江苏省住房和城乡建设厅
给予的有力领导!
特别致谢各兄弟单位在合作过程中
的无私奉献和高效配合!
特别致谢医疗咨询顾问冯丁、许云
松、姜亦虹等专家的指教和支持!
特别致谢评审专家们给予的评价和
建议!

03 工程档案

039

04 应急性与长效性——南京市公共卫生医疗中心应急病房
楼工程设计

曹 伟 沙晓冬 孙承磊 047

05 南京市公共卫生医疗中心应急病房楼工程结构设计

钱 洋 朱筱俊 孙 逊 郭洋波 063

06 南京市公共卫生医疗中心应急病房楼工程给排水设计

孙 毅 刘 俊 075

实践篇

07 南京市公共卫生医疗中心应急病房楼工程电气设计与思考

罗振宁   **091**

08 南京市公共卫生医疗中心应急病房楼工程智能化系统设计

李 骥 章敏婕 陈 拓   **101**

09 南京市公共卫生医疗中心应急病房楼工程暖通设计与思考

顾奇峰 龚德建   **113**

03

工程档案

工程档案

设计单位：东南大学建筑设计研究院有限公司

地点：南京汤山
设计时间：2020.1.29
竣工时间：2020.2.19
业主：南京市第二医院

基地面积：37962m²
建筑面积：20240m²
结构形式：装配式板房

设计团队：
建筑：曹伟、孙承磊、张航、沙晓冬、侯彦普、袁伟俊、
　　　刘海天、李敏慧、马杰、陶靖
结构：钱洋、朱筱俊
给排水：孙毅、韩治成、方洋、李斯源、刘俊
电气：罗振宁、李响、范大勇、钱锋、臧胜
暖通：顾奇峰、陈俊、龚德建
智能化：李骥、章敏婕、陈拓、臧胜

摄影：侯博文

1 南京公共卫生医疗中心（现有）
2 教学培训中心（兼做应急指挥中心）
3 医学隔离中心
4 应急病房楼
5 留观病房楼
6 医技楼
7 暴发烈性疾病科楼
8 实验中心
9 麻风病人生活区
10 祠堂
11 西气东输线
12 应急病房楼预留发展用地
  （近期停车场及活动场地）
13 弃土堆填区

总平面图

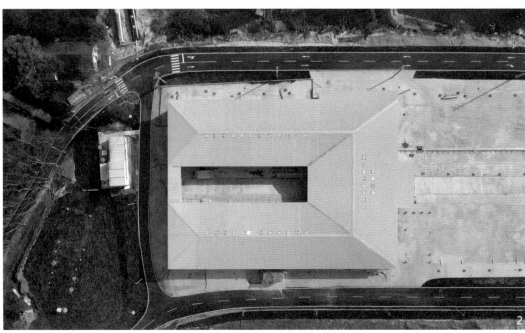

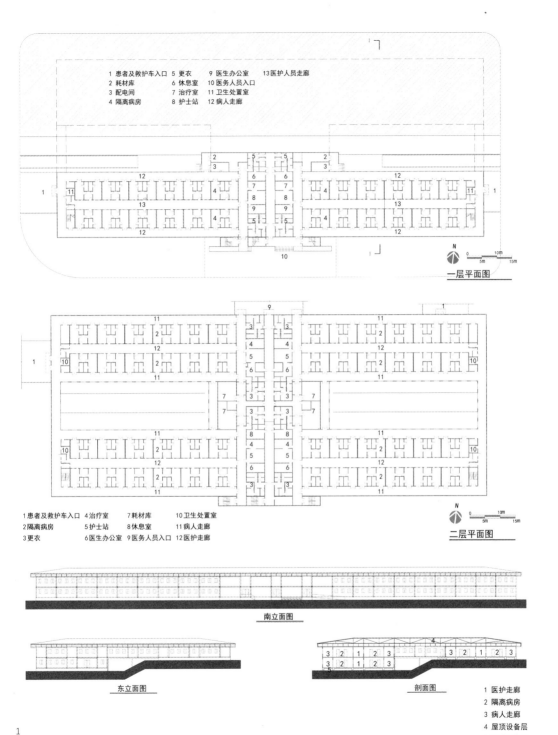

1 患者及救护车入口　5 更衣　　9 医生办公室　13医护人员走廊
2 耗材库　　　　　6 休息室　10 医务人员入口
3 配电间　　　　　7 治疗室　11 卫生处置室
4 隔离病房　　　　8 护士站　12 病人走廊

N 　0　　　10m
5m　　15m
一层平面图

9

1

1 患者及救护车入口　4 治疗室　7 耗材库　　10 卫生处置室
2 隔离病房　　　　5 护士站　8 休息室　　11 病人走廊
3 更衣　　　　　6 医生办公室　9 医务人员入口　12 医护走廊

N 　0　　　10m
5m　　15m
二层平面图

南立面图

东立面图

剖面图

1 医护走廊
2 隔离病房
3 病人走廊
4 屋顶设备层
5 基础架空层

0　　　10m
5m　　15m

1　南侧人视图
2　东南角人视图
3　北侧人视图
4　南侧人视图
5　东南角人视图
6　南侧鸟瞰图

应急性与长效性——
南京市公共卫生医疗中心应急病房楼工程设计

曹 伟 沙晓冬 孙承磊

应急性与长效性——南京市公共卫生医疗中心应急病房楼工程设计

Emergency and Sustainability-Design of Emergency Isolation Ward Building in Nanjing Public Health Medical Center

（原载于《建筑学报》2020 年 3-4 合刊 NO.618）

曹　伟　沙晓冬　孙承磊

曹　伟
东南大学建筑设计研究院有限公司
执行总建筑师
研究员级高级工程师

沙晓冬
东南大学建筑设计研究院有限公司
正高级建筑师

孙承磊
东南大学建筑设计研究院有限公司
高级建筑师

一、背景

面对新型冠状病毒肺炎疫情发展的严峻形势，南京市委市政府紧急决策，在 2016 年建成的南京市公共卫生医疗中心一期工程基础上扩建应急病房楼。该工程既可满足南京市防疫收治需要，又为江苏省新冠肺炎的救治工作提供储备，还可提升未来面对突发性公共卫生事件的应变处置能力。南京市公共卫生医疗中心的项目策划与建设是南京市政府在 2003 年非典疫情后的未雨绸缪之举。项目选址位于南京城郊青龙山，距离主城 20 余 km，四周群山环绕，与人员密集的城市建成区之间形成自然隔离（图 1）。规划总用地 32 万 m²（480 亩），分为两期工程建设，一期工程建成床位 950 床，其中小综合病区 150 床，呼吸道传染病区 300 床，接触性传染病区 400 床，暴发性应急病区 100 床，总建筑面积约 11 万 m²。二期规划有医学隔离中心和暴发性疾病科楼。公共卫生医疗中心为"大专科、小综合"模式，除定点传染病收治以外，还兼顾周边社区医疗服务功能。医院小综合部分的病区平面与传染病病区平面布局模式接近，便于在突发公共卫生事件时，通过局部应急改造，迅速转换为临时隔离或收治中心。规划设计在整体布局和病区设计等方面注重平疫转换，并考虑持续发展。

图 1 南京市公共卫生医疗中心区位及鸟瞰

图 2 公共卫生医疗中心
一期总平面图

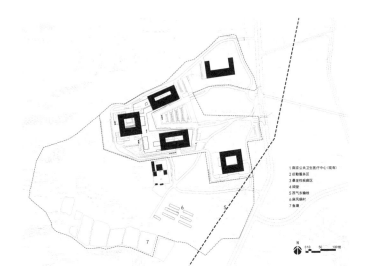

1 南京公共卫生医疗中心（现有）
2 后勤服务区
3 暴发性疾病区
4 阀壁
5 西气东输线
6 麻风病村
7 鱼塘

N 0 10   50   100m

图 3 公共卫生医疗中心
规划调整后的总平面图

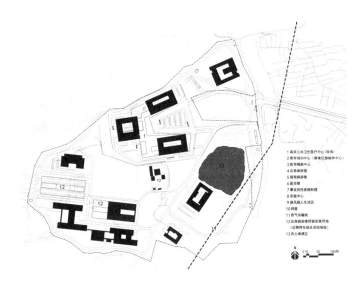

1 南京公共卫生医疗中心（现有）
2 教学培训中心（暴发应急指挥中心）
3 医学隔离区
4 应急病房楼
5 留观病房楼
6 医技楼
7 暴发性疾病科病楼
8 实验室中心
9 麻风病人生活区
10 阀壁
11 西气东输线
12 应急病房楼预留发展用地
（近期停车场及活动场地）
13 弃土堆填区

N 0 10   50   100m

二、应急病房楼选址调整

2019 年 2 月，南京市着手进行包括医学隔离中心和暴发性烈性疾病楼（南京市公共卫生医疗中心二期）的可研立项。2020 年初突然暴发的新型冠状病毒肺炎疫情使原属于暴发性烈性疾病楼配套工程的室外灾备场地不得不提前建设。东大院因一期工程设计所奠定的基础而临危受命，接受病房楼的应急设计任务。由于一期工程建设的弃土堆填和场地内西气东输管线的安全退让距离等限制，原有规划场地不能满足应急工程建设的要求，迫使我们调整原有规划（图 2）。新规划将应急病房楼建设场地选址在公共卫生医疗中心用地的西南侧，处于基地的下风向，避让现状鱼塘、高压电线、山体等对应急建设不利的区域。将医学隔离中心调整至东侧中部，方便与南北两个组团的联系；教学培训中心调整至原规划为医学隔离中心的东北侧，处于上风向的清洁区，靠近出入口，便于对外联系；在基地的西侧，规划增加科研实验中心，方便与南北两大组团间的标本等传送联系。同时对外部医护清洁流线、病患流线和污物流线进行分离组织疏导（图 3）。

本次应急建筑工程设计包括两栋共 288 间应急病房楼和 32 间医护人员隔离用房。按建设要求先期开展场地、道路和相关水、电、暖、污水处理、医用气体等设备管线的预埋施工及容量预留，并视疫情的发展进行上部装配式应急病房的建设。根据南京乃至江苏疫情阻击的现状和预判，为急速满足新冠病患救治功能，首期 72 间应急病房及 32 间医护人员隔离用房已于 2020 年 2 月 19 日建设完成并交付使用。

三、应急状态下病房楼设计的难点与举措

常规的建筑设计评价标准强调"适用、经济、绿色、美观"八字方针，但对于防疫工程，除了确保传染病防治的安全性之外，应急性的重要地位更加凸显。其特征主要体现在以下三点：一是应急建造方案的选择须坚持施工建造便捷、材料易于采购、物流运输通畅的原则；二是设计的实施过程要根据疫情变化及现场突发情况快速反应，边调整图纸边施工；三是应急状态下无法完全遵循常规的建筑规范和建设程序，必要时可打破常规，做出灵活的技术选择。因此本项目充分贯彻了应急性设计的原则，全方位打造防疫工程的新模式，是一次非典型的设计实践。

1. 顺应地形

基地现状为丘陵地貌。为减少现场的土方工作量，快速高效地推动施工，设计顺应地形高差形成南北两组台地。南侧低标高区域设置两层建筑，北侧高标高区域设置为一层，每层均可从外部场地直接平进平出，形成南北双首层的交通出入方式，不需要设置坡道及电梯（图4）。

2. 弹性调节

应急病房楼的平面采用工字形，该平面模式的最大优势在于可弹性调节，以中间医护资源区域为核心，通过四翼模块的不同组合方式，可满足各种床位规模的需求（图5）。在实际建设过程中，原先按

图 4 应急病房楼场地高程 ●

图 5 平面模块组合示意图 ●

▢ 3 m×3 m×6 m 病房模块
▢ 3 m×3 m×6 m 医疗模块
▢ 3 m×3 m×6 m 走廊模块

053

初期规模要求设计为 288 张病床的两组应急病房楼，根据疫情的发展，选择其中一栋优化调整，建成为 C 形平面共 72 间应急病房。这种可弹性调节的模块化平面，在疫情发展的过程中体现出极大的灵活性和变通性。

3. 优化院感处理

应急医疗工程使用功能的安全性应排在首位。病房护理平面采用经典成熟的"三区两通道"模式：工字形核心区域的医务人员工作区及通道为清洁区，病房单元及通道为污染区，清洁区与病房单元之间的医护工作区及走廊为半污染区，分区清晰明确（图 6）。经驻场设计团队与医院方反复沟通，依据院感要求，对医护人员进出通道、半开敞式护士站、物品库等的布局予以优化，物品库均位于洁净区，以提高医护工作效率，降低感染风险。

4. 装配式建造

该工程设计采用的预制装配式彩钢夹芯板板房体系，具有模数化组合、采购生产迅速、安装快捷等优势。板房体系为 3 m×6 m×3 m 模数，四周钢骨架承重，内衬 95 mm 厚双层彩钢夹芯岩棉板，主要电路管线均在工厂提前铺埋。在图纸深化设计的同时，工厂已在同步生产加工，一周后板房全部完成并运至场地吊装。整个工程充分体现了装配式建造机械化程度高、建造速度快、用工数量少的巨大优势，极大地压缩了建造周期（图 7）。

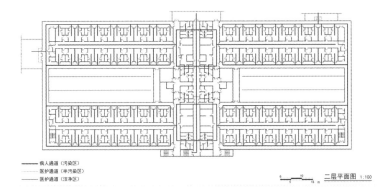

图 6 "三区两通道"模式

病人通道（污染区）
医护通道（半污染区）
医护通道（洁净区）

二层平面图 1:100

图 7 箱体吊装施工现场

图 8 基础架空层支座施工现场

5. 基础架空层

考虑到大量地面设备管线安装及检修的方便性,该项设计在整板基础和活动板房之间设置了 0.9 m 高的架空层,便于管道安装与检修,并将一层的分体空调室外机结合架空层进行放置。设计之初架空柱采用更符合可拆卸要求的型钢短柱,但由于材料采购和制作周期的限制,改为更易于施工的砖砌柱墩。柱墩上方设置 8 mm 厚钢板垫层,在确保板房安装稳定性的同时,可灵活调节高差(图 9)。

6. 防水屋盖

模块化板房拼装的建造方式有效加快了施工速度,但也造成了箱体之间拼接缝隙处的防水隐患。经多方反复讨论后,确定增设整体防水屋盖。考虑到极限条件下的风荷载及雨雪天气的不利影响因素,整体屋盖采用钢结构,严格计算风荷载影响,最终确定结构方案。

图 10 防水屋盖施工现场

考虑到采购、工期等因素，屋面钢结构构件均采用箱型截面，易于安装施工（图9）。

7. 环保措施

其一，传染病房楼设计的一大技术难点是污水、雨水、废气的集中收集处理。考虑到废水可能会对地下水造成污染，整个工程连同所有管线下方均铺设防渗膜，并对初雨、污水收集消毒处理后，集中送至院区的雨水管网及处理站。室外污废水采用无检查井的管道系统，大大减少污染水泄漏概率。

其二，正确的空气流向能够对病毒、细菌等感染起到屏障作用。暖通设计强调气流从洁净区向污染区的单向流动，不同分区的通风系统须独立设置，送排风系统均设置初效、中效及高效过滤器，保证送风的洁净度，消除因排风造成环境污染的隐患。

8. BIM 设计

设计团队与 BIM 团队现场共同办公，同步研究管线综合走向，通过 BIM 设计 3D 可视化模型，将机电的施工需求信息化，高效解决了图纸内的管线冲突问题，大大提升了工厂生产和现场装配施工的效率（图 10）。设计最终以"一天方案、三天出图"的战时速度完成。

9. 规范运用

应急工程的特殊性，决定了设计与建设无法完全满足常规的规范要求。2.87 m 的板房净高度不具备安装喷淋、排烟等消防设施的空间。考虑到建筑疏散便捷及内部可燃物极少，在和消防部门沟通后，采用室内设置消防软管卷盘及灭火器，室外布置消防供水管并设置室外消火栓等消防措施。场地内的雨水回收按照规范要求回收量巨大，经分析论证后采用回收处理初期约 20% 的雨水的方案。

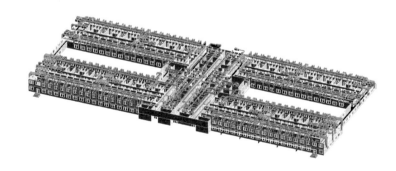

图 10 应急病房楼 BIM 模型

10. 物资采购

春节期间严格的疫情管控对设备材料的采购造成极大影响，很多常规的设计面临无法按图施工的困境。设计团队及时调整思路，按照现有的板房材料反向设计图纸。为节约生产周期，厂家提出利用库存的箱体，设计方经过仔细沟通，迅速优化布局以适应现有箱体尺寸，并针对建筑外窗及密封观察窗缺货的问题设计了应对解决方案，进一步节省了加工生产时间。

四、着眼未来的策划与规划

疫情尚未结束，南京市公共卫生医疗中心已开始谋划二期部分的续建提升。通过省市共建的模式，建设"医、教、研、防、管"五位一体的国家级区域传染病医疗中心，其将作为全省传染病防治医疗、科研、教学基地，承担区域内疑难危重症传染病的诊断和治疗，在全省传染病突发事件中发挥医疗救治、综合研判、信息支撑和协同指挥等作用。

二期规划在应急工程南侧建设拥有 200 间病房的暴发性烈性传染病楼和 200 间病房的留观隔离病房楼，与应急灾备场地组成烈性传染病疾控中心，作为应对突发性公共卫生事件的战略储备。规划还将建设拥有 P2、P3 实验室及动物实验室的科研实验中心、教学培训中心和医学隔离中心，与已建成的一期工程形成五大功能组团，整体提升和完善公共卫生事件的应对及服务能级。

五、结语

南京市公共卫生医疗中心应急病房楼工程，融入项目建设的整体规划，是整体规划、分期建设的有机组成部分。工程设计兼具应急功能与长效功能，疫情过后装配式应急病房拆除回收，而场地、道路和相关设备管线的建设预埋及容量则充分预留，其应对未来突发公共卫生事件灾备场地的功能得以永久保留。

南京应急医疗救治工程的策划、立项和规划建设强调应急性与长效性兼备。本工程依托已建成的一期设施，具有既有医疗资源支撑的显著优势。应急板房的设计为审时度势的建设规模决策提供了前提条件，病房楼不会因疫情过后长时间的闲置而废弃，造成大量社会资源的浪费。在规划整体优化调整层面，32 万 m^2（480 亩）建设用地内，将继续规划建设烈性传染病疾控中心、医学隔离中心、科研实验中心和教学培训中心，拥有可持续发展的容量空间。已建和规划建设部分强调平疫转换，避免因单一传染病收治功能的运营局限而造成医疗资源闲置浪费。设计重点在规划布局和平面模式上予以探索研究。公共卫生医疗中心规划建设的"南京模式"对今后类似的工程建设带来一定的经验启示意义。

参考文献

[1] 孙承磊, 曹伟, 沙晓冬.城市公共卫生突发事件下应急工程的设计与思考[J].
建筑与文化, 2020 (3).

南京市公共卫生医疗中心应急病房楼工程结构设计

钱　洋　朱筱俊　孙　逊　郭洋波

南京市公共卫生医疗中心应急病房楼工程结构设计

Structural Design of Emergency Isolation Ward Building
in Nanjing Public Health Medical Center

钱 洋 朱筱俊 孙 逊 郭洋波

钱 洋

东南大学建筑设计研究院有限公司

高级工程师

朱筱俊

东南大学建筑设计研究院有限公司

建筑设计一院总工程师

研究员级高级工程师

孙 逊

东南大学建筑设计研究院有限公司

总工程师兼副总经理

研究员级高级工程师

郭洋波

东南大学建筑设计研究院有限公司

高级工程师

一、结构设计概况

本项目地上部分采用模块化预制装配箱式板房体系，此体系广泛用于同类应急工程中。箱式板房主要采用"L"形、"C"形薄壁型钢构件，单个板房的平面尺寸一般为 3 m×6 m，能适应大部分建筑功能要求。箱式板房体系能利用现场基础施工的时间，根据建筑和设备要求，将大部分结构构件、内外装部品、设备管线在工厂整合拼装。现场基础施工完毕后，将模块化单元运输至现场后统一安装。该体系具有能在现场和工厂同时开工的优势，能快速高效地开展工程建设。利用此体系，我国工程建设领域也创造了一系列中国奇迹（图 1）。

箱式板房一般用于建筑功能简单的临时性用房，采用的标准化薄壁型钢构件（图 2）尺寸相对单一。因应急工程的时效性要求，难以灵活地调整板房构件。所以在结构设计中无法调整作为整体产品的箱式板房自身结构，需要在基础设计中采用与板房产品特性相匹配的形式，同时需要复核板房在风荷载下的受力能力。

图 1　火神山医院与雷神山医院

图 2 箱式板房的柱、底部梁、顶部梁、顶角连接示意图

二、基础设计

根据现有建筑的勘探报告，拟建场地区域稳定性较好，不良地质作用不发育，遭受和引发地质灾害的可能性较小，场地及周围无环境污染源，场地环境水和场地土对混凝土结构及其钢筋具有微腐蚀性，地质条件适宜进行工程建设。

本项目选址位于现有的南京市公共卫生医疗中心西南侧丘陵地带，地块高差起伏近 20 m。同时，地块内部分布高压线、墓穴、小白鼠基地、水塘、麻风病村、省级文物保护祠堂、西气东输管道等限制因素。因场地高差和水塘的存在，现场有较大的挖方和填方工程，可能导致建筑物的不均匀沉降。本工程采用的轻质单元式箱式板房对不均匀沉降并不敏感，单元间容许有适量的不均匀沉降，对建筑场地具有一定的适应性。

根据工程特性，本项目采用浅基础，通常的形式有独立基础、条形基础和筏板基础。独立基础经济性较好，但需要准确定位，在基础施工时，上部建筑还可能需要局部调整。本工程属应急工程，基础施工完毕后，没有充足时间对上部建筑进行调整，所以独立基础在

066

本工程的普适性较差，不宜采用。因箱式板房的模块化特性，其平面尺寸均为 3 m×6 m，箱体纵横向交错布置，所以采用间距 3 m 的条形基础对于模块化的箱式板房具有普适性。但条形基础施工工序较多：开挖→绑扎底板钢筋→绑扎基础梁纵筋箍筋→基础梁支模→浇筑混凝土→回填土。绑扎基础梁纵筋箍筋需要的钢筋加工量也较多，而因疫情期间的管控，现场人员、物资、加工设备的运送较为困难，故本工程也不适用条形基础。采用筏板基础，对于轻质的箱式板房来说，经济性略低，但其具有以下优点：（1）可以筏板顶露天，直接作为硬化地面使用，开挖量少，不需回填，且筏板底平坦没有高差，能有效减少开挖和回填的工作量；（2）基础整体刚度好，能控制填方场地局部不实造成的不均匀沉降；（3）基础主要仅采用一种直径的钢筋，且几乎不需要弯折，钢筋施工方便；（4）基础普适性强，只要上部建筑外围尺寸没有过大增加，均不需要调整基础；（5）本项目整个场地需要设置防渗膜体系，均需场地硬化，筏板基础结合场地硬化，增加的工程量并不太多。综上，本工程基础形式采用筏板基础。

经调查，火神山医院也采用了筏板基础，做法与本项目筏板基础的做法基本相似（表 1）。

项目	板厚（mm）	配筋	混凝土强度等级
火神山医院	300	双层双向 C12@200	C35
本项目	300	双层双向 C12@200	C40

表 1　本项目与火神山医院筏板基础比较

图 3 砖砌支墩现场图

为便于设备管线安装检修, 基础和房间之间设置了 800~900 mm 高的架空层。为便于采购及日后拆除, 主体建筑采用砖砌柱墩架空 (图3)。

三、 抗风计算

本工程位于南京市江宁区, 根据《建筑结构荷载规范》 (GB 50009—2012), 本工程 10 年一遇基本风压 w_o= 0.25 kN/m^2。项目位于丘陵地带, 地面粗糙度按 B 类, 风压高度变化系数 μ_z=1.00; 迎风面风荷载体型系数 μ_s=0.80, 背风面风荷载体型系数 μ_s=-0.50 (图4)。

图 4 风荷载示意图

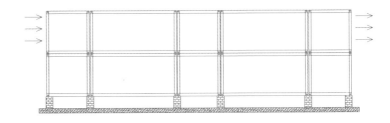

根据《建筑结构荷载规范》公式 8.1.1-1，本工程风荷载标准值为：

迎风面：$w_k = \beta_z \mu_s \mu_z w_0 = 1.0 \times 0.8 \times 1.0 \times 0.25 = 0.200 \text{ kN/m}^2$

背风面：$w_k = \beta_z \mu_s \mu_z w_0 = 1.0 \times -0.5 \times 1.0 \times 0.25 = -0.125 \text{ kN/m}^2$

一般建筑物的风荷载整体计算时，可将迎风面风荷载和背风面风荷载合并考虑。而本工程采用模块化拼装箱式板房，板房之间相互独立，所以需要分开计算迎风面和背风面的抗风能力。如图 4 所示，在风荷载作用于迎风面时，外侧板房承受的风压力能传递至其后板房；而背风面的板房所受风吸力只能由其自身承受。所有，只要背风面板房抗风能力满足要求，本工程的整体抗风就能满足要求。

根据板房厂家提供的资料，单个厂房自重为 2.01 t，即 20.1 kN。根据《钢结构设计标准》第 12.7.4 条，底板与混凝土基础间的摩擦系数可取 0.4。则计算单个双层箱体单元（平面尺寸 3 m×6 m，高度 2.87 m×2）所受风荷载水平力与基底能提供的摩擦力如下：

$$P_风 = 0.125 \times 2.87 \times 2 \times 6 = 4.305 \text{ kN}$$

$$P_摩 = 20.1 \times 2 \times 0.4 = 16.08 \text{ kN}$$

计算单个双层箱体单元所受风荷载倾覆力矩与抗倾覆力矩如下：

$$M_风 = 4.3 \times 2.87 = 12.341 \text{ kN·m}$$

$$M_抗 = 20.1 \times 2 \times 1.5 = 60.3 \text{ kN·m}$$

可见，建筑物抗风荷载滑移、倾覆均能满足要求。

为增加板房使用舒适度，避免风荷载或长期使用可能造成的位移，

● 图 5　板房拉结示意图

本工程采取了加强板房间和板房与底板间的连接措施。板房之间连接采用其产品自配的 M16 螺栓连接件，板房与底板连接采用 M16 化学锚栓（图 5）。

四、钢结构屋面设计

建筑物采用模块化箱式板房拼接而成。单个箱体排水做法较为成熟，但大量的箱体间的拼接缝隙，造成了屋面排水困难，且由于屋面有大量的设备管线开洞，进一步加大了建筑物的漏水隐患。为解决此问题，本工程在板房箱体上加设一层钢结构屋面。加设的钢屋面高1.5 m，坡度 5%~8%。为了简化屋面稳定系统，同时考虑采购、工期等因素，屋面钢结构构件均采用箱型截面。为确保结构整体稳定，钢结构屋面设置了柱间支撑和水平支撑（图 6）。

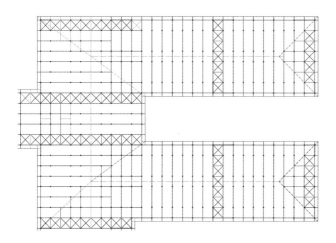

图 6 钢结构屋面结构布置图

五、结语

本项目 2020 年 1 月 29 日立项，1 月 30 日开始建筑方案设计，同时进行场地平整，结构专业开始调研、论证基础方案。在建筑方案大致确定后，立即提供基础施工图进行现场基础施工，同时箱式板房厂家开始在厂内拼装板房成品。基础施工完毕，板房砖支墩砌筑时，板房成品即运输至现场随砌随装，整个施工过程极为紧凑。由于选择了普适性较强的方案，现场土建施工没有出现停滞、返工的状况，最终按时完成了建设任务。

施工过程中，设计师须身处一线，根据项目现场实际情况随时调整设计。在满足结构安全的首要前提下，选择施工速度更快、原材料品种更少、原材料采购更便捷、普适性更强的结构方案。现场服务中，还要多听取施工人员建议，采取施工人员更擅长的方案。

通过本工程的结构设计与现场服务，总结应急项目设计经验及建议如下：（1）基础设计时应采用普适性更强的方案，如条形基础或筏形基础，以备建筑方案灵活调整。（2）模块化箱式板房是应急项目的首选方案，相关企业可在平时加大研发力度，开发适应性更强的产品，并能根据建筑功能要求提供拼装菜单。（3）一般来讲，风荷载不会成为箱式板房的制约因素。但板房间及板房与基础间还应加强连接，以提高建筑外观质量和使用舒适度，并避免设备管线穿越板房时的错位。（4）板房屋面间拼接缝及设备在板房屋面的开洞，影响板房屋面的防水性能，相关企业可研发带特型产品的解决方案，或开发装配化屋面产品，以确保工程质量及进度。

参考文献

[1] 中华人民共和国住房和城乡建设部.建筑地基基础设计规范:GB 50007—2011[S].北京:中国建筑工业出版社,2011.

[2] 中华人民共和国住房和城乡建设部.建筑地基处理技术规范:JGJ 79—2012[S].北京:中国建筑工业出版社,2012.

[3] 中华人民共和国住房和城乡建设部.钢结构设计标准:GB 50017—2017 [S].北京:中国建筑工业出版社,2017.

[4] 陈绍蕃.钢结构稳定设计指南 [M].3 版.北京:中国建筑工业出版社,2013.

06

南京市公共卫生医疗中心应急病房楼工程
给排水设计

孙　毅　刘　俊

南京市公共卫生医疗中心应急病房楼工程给排水设计

Water Supply and Drainage Design of Emergency Isolation Ward Building in Nanjing Public Health Medical Center

孙　毅　刘　俊

孙　毅

东南大学建筑设计研究院有限公司

建筑设计一院总工程师

高级工程师

刘　俊

东南大学建筑设计研究院有限公司

专业总工程师

研究员级高级工程师

一、背景

2020 年 1 月 12 日，世界卫生组织（WHO）将造成武汉肺炎疫情的新型冠状病毒暂命名为 2019 新型冠状病毒（2019-nCoV）。新型冠状病毒传染性高、致病力强，传播方式包括气溶胶传播、接触传播及可能的粪口传播，所以相关救治场所的给排水系统设计需要采取严格的技术措施，以保证使用安全。南京市公共卫生医疗中心应急病房楼工程设计建设时间紧、任务重，各方面对新冠病毒的认识处于不断摸索和深化的状态，国家和地方应对新冠病毒的措施、指南和导则陆续发布出台，现场施工条件不断调整，因此设计必然要连续调整。本节总结了给排水设计和现场配合施工全过程中出现的各种问题和应对措施，为后续给排水相关设计提供了一定的借鉴。

二、排水及雨水系统应急设计

应急病房楼给排水设计重点和难点在于雨污水设计，以下简略介绍本应急项目的相关设计和现场遇到的困难及对策。

1. 排水系统

室外生活排水与雨水排水系统采用分流制，污染区的污废水与清洁区污废水分流排放，如病房、医技等与办公区，清洁走廊等的卫生器具和装置的污废水与排水通气系统均独立设置，且污废水各自独立排放至预消毒池。为此，首先需要根据医疗设施建筑功能分区、医疗流程布局对清洁区与污染区进行清楚地划分，限制区污废水可排入清洁区排水系统。

在设计时，选择符合标准要求的卫生洁具，保持器具存水弯水封有效，合理设置地漏并保持水封有效。除在需要地面排水的房间如准备间、污洗间、卫生间、浴室、空调机房等设置地漏外，其他如护士室、治疗室、诊室、检验科、医生办公室等房间不应设地漏。地漏采用带过滤网的无水封地漏加存水弯，水封不小于 50 mm，且不得大于 75 mm，并采用洗手盆的排水给地漏水封补水。用于手术室、急诊抢救室等房间的地漏应采用可开启的密封地漏。污染区的污废水与清洁区污废水分流排放，且污废水应各自独立排到预消毒池。车辆冲洗和消毒废水排入污水系统，排水口下采取水封措施。空调冷凝水分区集中收集，间接排水，设置在污染区的空调冷凝水只能排入污染区生活排水系统管道；设置在清洁区的空调冷凝水排入清洁区生活排水系统管道；空调冷凝水全部排入污水处理站处理。

应急工程 288 间装配式应急病房和 1 栋 32 间医护人员隔离用房，污水量大约 500 m³/d，经汇集后，设置了 100 t 的消毒池和 5 个 13 号化粪池。污水处理最关键之处在于污水二次消毒工艺、预消毒池及化粪池通气管废气处理、污水处理站臭气消毒处理。由于本工程位于山地，现场接近有 20 m 的场地高差，基本没有多余空地设置污水处理站。南京市公共卫生医疗中心一期项目的污水处理站能否为本工程提供污水处理能力至关重要。一期项目设计负荷 1000 m³/d，现有处理能力 500 m³/d。其污水处理标准较高，处理达标（一级 A）后排放。现场调取处理站工作日志后，发现虽然医院已基本满负荷运转（950 张床位），但连续多月污水量只有 350 m^3/d，经与医院及污水处理站运营方沟通，近期污水处理负荷可以迅速调整到 1000 m^3/d。综合各方面因素，结合场地高差，本工程污水经消毒和化粪池处理后，采用动力提升至原有污水站处理达标后排放（图 1）。

尤其值得提出的是，2020 年 2 月 5 日，中国工程建设标准化协会发布了于 2 月 6 日实行的《新型冠状病毒肺炎传染病应急医疗设施设计标准》（T/CECS 661—2020），其中第 6.0.6 条要求：室外污水排水系统应采用无检查井的管道进行连接，通气管的间距不大于50 m。指挥部也明确提出了要按照高于武汉火神山医院的标准进行建设的要求。

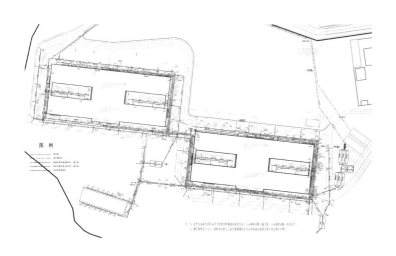

图 1　南京市公共卫生医疗中心应急病区给排水总平面图

由于工期紧急，原室外排水总图原本已经设计完成并已技术交底，需要对原有图纸进行重新设计调整。从安全性来说，首选排水用球墨铸铁管（最小抗拉强度 420 MPa，最小屈服强度 300 MPa，最小延伸率 7%，标准 GB/T 13295—2013，ISO 2531—2009，口径 DN80—DN2600），机械性能良好，防腐性能优异，延展性能好，密封效果好，安装简易。但当时属于非常时期，现场施工单位反映，厂家尚未复工，采购困难。常规的排水管道在这种特殊场合都有所不足，综合各方面因素比较，我们选择了给水 PE 管作为室外排水管材。PE 管化学稳定性好，采用承插电熔或对接热熔接头少，无泄漏，磨阻系数小，水流阻力小，其曼宁系数为 0.009，施工相对便捷。为了减轻现场施工单位的畏难情绪，加快建设速度，结合通气管的间距不大于 50 m，检查口距离不大于 25 m 的要求，我们设计了检查口结合通气管的做法（图 2、图 3），减少了施工接头，减轻了施工工作量，得到了施工单位的认可。

同时，本工程分期建设，初步建设 72 间装配式应急病房，但所有地下管线均须一次性施工到位。考虑到患者入住后，排水管道均有被污染的危险，后期 216 间应急病房施工时，室内污废水管道与下游已经投入使用的病区室外管线连接时，有被感染的可能。所以，在先建设交付的 72 间病区第一个污废水水管接口的上游，分别设置了水封井，避免了后期的操作风险，保证了后续施工的安全。

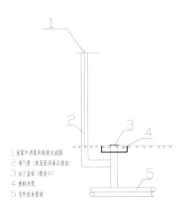

1 接室外消毒和高效过滤器
2 通气管（排屋面消毒后排放）
3 法兰盖板（检查口）
4 塑料井筒
5 室外排水管道

图 2　室外检查井示意图

图 3　室外通气管现场图

2. 雨水系统

据报道，新型冠状病毒与 2003 年非典 SARS 冠状病毒基因序列有 90% 的相似度。新型冠状病毒在感染者痰中能存活 2 天。感染者的唾液、喷嚏飞沫或痰，医护车辆或其他途径都可能把冠状病毒散落在应急医院防护区中，通过降雨可以把冠状病毒带入雨水管道中，对自然水体带来污染和病毒传播隐患。因此，对本工程屋面及室外场地雨水进行收集消毒是非常必要的防疫措施。

本工程的雨水为外落。考虑到应急医院的特点，为防止污染区的雨水渗入地下造成污染，与火神山医院相同，本工程也采用了"两布一膜"的抗渗措施，布即土工布，膜即 HDOE 防渗膜，在污染区下方、雨水收集池、化粪池及蓄水池下方均采取了以上措施。

场地占地面积 3 万 m²，暴雨重现期按 3 a，径流时间按 20 min，暴雨强度 q=271.4 L/（s·ha）。参照火神山建设标准，储存 1 h 的雨水量为 2931.12 m³。

雨水收集采用场地满铺防水渗透膜，阻止雨水入渗，场地四周建挡水坎，阻止客水汇入，道路和建筑四周设置雨水口收集雨水，雨水口及检查口采用防渗性能好的塑料检查井，管道采用塑料双壁波纹管、橡胶圈连接。

同时，收集了初期 20 min 雨水，进行消毒处理后排放。室外雨水的设计一波三折。因为工期急迫，一天内就完成了室外管线施工图。初稿考虑了重力排放，由南部敷设一条雨水干管，收集后消毒排放。但施工单位反映工期急迫，困难无法预期（一期时地表下 1 m 就是岩石，埋设化粪池时需要爆破），所以只能改为现场收集消毒处理。场地占地面积 3 万 m², 暴雨重现期按 3 a，径流时间按 20 min，暴雨强度 q=271.4 L/（s·ha）。

$$V=3.6×30000×271.4=29311200$$

按火神山建设标准，储存 1 h 的雨水量为 2931.12 m³。

我们为此做了方案对比（因现场浇注 3000 m³ 混凝土水池不具备可行性，施工周期不允许，故不予以考虑）。

1）雨水储存方案

（1）利用现有场地水塘。现有场地水塘有 3000 m³ 以上的容积，但存在底层防渗膜搭接易破、基础下有淤泥、水面敞开病毒易扩散（水鸟、家禽和其它小型动物等涉水，风力吹起水面，水面蒸发）等隐患。而且降雨是随机的，一场降雨的降雨量可能只有几百吨，也可能达两三千吨，现有池塘的塘底时不时会暴露在空气中，对病毒的防治极为不利，即使采用覆盖膜也无法避免。因此利用现有场地水塘储存雨水的方案不可行。（2）采用玻璃钢罐体。玻璃钢罐体每个 100 t，30 个组合连接。（3）采用大管径管道（塑料管或钢筋混凝土管）。塑料管管径 DN2000，6 m 一根，共 155 根组合连接，钢筋混凝土管 DN3000，3 m 一根，共 140 根组合连接。（4）采用模块调蓄池。

2）雨水处理工艺

（1）全流量处理工艺。初期雨水污染比较重，污染重的雨水和污染轻的雨水须分开处理。按 2~5 mm 计算雨水弃流量，由于管线长短不一，弃流水量不同时到达，延长弃流时间考虑按 15 min 计，弃流水量为 750 t，进入弃流池。弃流池雨水经高速过滤器过滤后排入雨水调节池，反冲洗水进入污水调节池，再进入原有污水处理构筑物，达标后排放。高速过滤器 DN1000，共三台，每台处理量 25 t/h，反冲洗强度 12 L/（s•m²），反冲洗时间为 5 min，反冲洗水量为 3 m³，反冲洗周期自动调节。其他时间的雨水进入雨水调节池 2250 t，消毒后排放。全流量处理工艺图如图 4、图 5 所示。

（2）部分流量处理工艺。初期雨水污染比较重，污染重的雨水和污染轻的雨水分开处理。按 2~5 mm 计算雨水弃流量，由于管线长短不一，弃流水量不同时到达，延长弃流时间考虑按 15 min 计，弃流水量为 750 t，进入弃流池。弃流池雨水经高速过滤器过滤后排入雨水调节池，反冲洗水进入污水调节池，再进入原有污水处理构筑物，达标后排放。

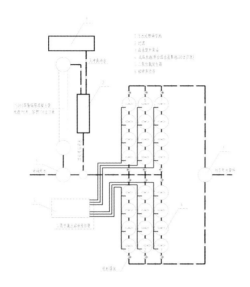

图 4 全雨量雨水收集、
消毒系统工艺原理图一
（总容积 3150 m³）

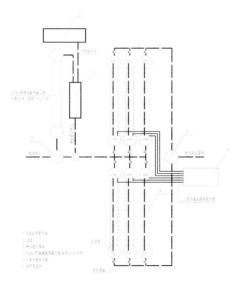

图 5 全雨量雨水收集、
消毒系统工艺原理图二
（总容积 2850 m³）

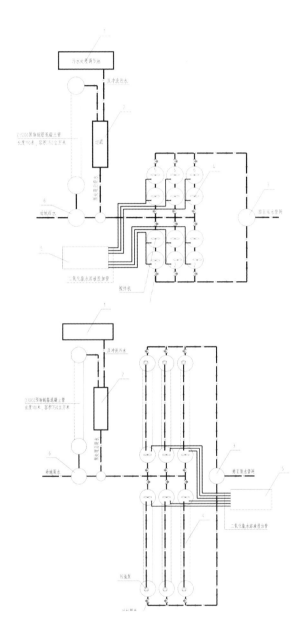

图 6　部分雨水收集、消毒系统工艺原理图一 (总容积 3150 m³)

图 7　部分雨水收集、消毒系统工艺原理图二 (总容积 2850 m³)

高速过滤器 DN1000，共 3 台，每台处理量 25 t/h，反冲洗强度 12 L/（s•m²），反冲洗时间为 5 min，反冲洗水量为 3 m³，反冲洗周期自动调节。其他时间的雨水进入雨水调节池 1200 t，消毒后排放。利用雨水进水时间间隙，雨水消毒 30 min 即可排放，腾空储存容积，再进入雨水进行消毒。由于雨水调蓄容积降低，为了安全场地必须进行定时消毒，灭活冠状病毒（图 6、图 7）。

起初，设计团队认为储存 3000 m³ 的雨水设计是优选方案。报指挥部后，指挥部考虑到各种限制因素，认为占地过于庞大，要求收集初期雨水进行消毒。最后采用了收集前 20 min 雨水，建设 400 m³ 雨水池进行消毒处理的雨水方案（图 8、图 9）。

图 8　室外雨水池现场图

图 9　室外污水池现场图

三、应急设计中的问题与思考

在这次应急病房楼的设计中，遇到很多平时遇不到的困难，也有平时不是问题的问题。（1）应急病房楼的设计，防止污染是重中之重，每一个可能的环节都要考虑周全，既要考虑防泄漏，还要考虑到分期建设衔接时的施工安全。（2）山地建筑的室外给排水管线工作量极大，在应急建设中，室外管线的方案要合理，在紧急面对新规范的要求时，要妥善地、创造性地进行设计，不仅要满足规范要求，也要兼顾施工困难。（3）特殊时期的施工材料采购困难带来的影响。由于疫情突发，项目建设周期极短，且春节后尚未完全复工及物流限制等原因，原设计的一些材料无法购买，如球墨铸铁排水管、雨水弃流井等，需要及时进行调整或者现场设计。（4）板房预制安装的影响。不同的预制板房尺寸不同，本次采购的板房下部空腔尺寸为 18 cm，无法安装地漏，需要配合施工单位调整施工方案。

应急工程的建设，安全是核心，速度是生命，通过本次应急实战，总结以下几个方面思考供同行参考：其一，相对常规设计，更需要及时了解新规范、新导则的变化和要求，并在设计中实现；其二，及时了解施工现场的问题与困难，包括产品采购，需要做产品及设计变更，以配合现场施工；其三，对模块化预制板房的建造和安装需要有更全面的了解；其四，高度重视室外管线设计，无论是技术难度还是现场协调工作量，室外管线设计都是给排水设计中极其重要的组成部分，在应急设计中室外管线先行！

南京市公共卫生医疗中心应急病房楼工程电气设计与思考

罗振宁

南京市公共卫生医疗中心应急病房楼工程电气设计与思考

Electrical Design and Thinking of Emergency Isolation Ward Building in Nanjing Public Health Medical Center

罗振宁

东南大学建筑设计研究院有限公司
高级工程师

一、概况

南京市公共卫生医疗中心应急病房楼工程总建筑面积 20240 m²，由四个相对独立的相同组团组成，每组团设置 72 间病房及配套医护用房，两个组团连成一幢两层楼，为成品钢结构彩钢夹心板房，采用分体式空调。根据项目应急性、临时性、传染性等特点，以及项目所处位置南京市供电电网资源，本次供配电设计包含 10 kV 高压供电系统、变配电系统、照明系统、防雷系统、接地及安全系统，以及车载式应急柴油发电机组配置等。

二、系统设计

1. 10 kV 高压供电系统

本项目为一级负荷用户，由城市电网提供满足双重电源要求的两路 10 kV 线路供电，当一路电源断电时，另一路不会同时断电，并能满足全部一级负荷的供电要求。本次扩建项目位于已建成的南京市公共卫生医疗中心（一期）旁，且一期项目已有两路满足双重电源供电要求的 10 kV 供电专线引入。经过对一期项目的现场踏勘，并与供电部门协商，确认现有的线路容量可以满足本次扩建项目需新增容量的要求，决定扩建项目采用 10 kV 高压电缆引自一期现有的前置环网柜，每路各带两台 500 kVA 变压器。前置环网柜设置高压联络，任意一路电源失电时，另一路能承担全部一、二级负荷的用电要求。供电部门还提供了第三路 10 kV 进线作为备用电源。

2. 变配电系统

根据本项目快速建设要求以及应急与临时工程的特点，在两栋楼中间地带设置 10/0.4 kV 箱式变配电站 4 个，每个站的变压器安装容量为 500 kVA。每个医护组团采用 1 台箱式变配电站供电，在项目应急状态启用时，每个组团配置 1 台 500 kW 的应急发电车作为备用电源。各组团低压进线端采用双电源切换装置，主电引自箱式变配电站，备电引自发电车（图 1）。

图 1 室外电气总图

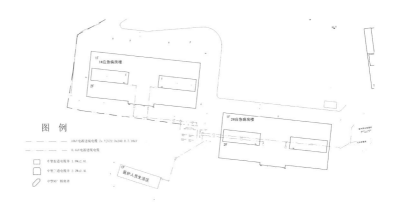

由于箱式变压器本身自带的出线回路有限，除了病房用电回路外，还需要考虑室外污水处理设备、配套医护宿舍、雨水回收消毒设备等用电负荷，因此增设了室外电缆分支箱增加出线回路。

每组团一层设置配电间，内部三个护理区、医生护士办公区及送排风设备各设置相应的电源总柜，采用放射式向下级配电箱供电(图2)。

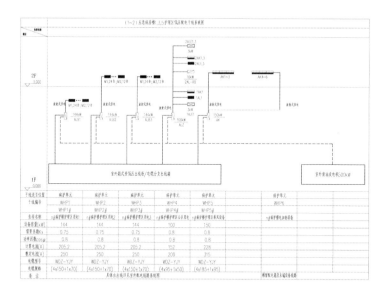

图2 低压配电干线系统图

3. 照明系统

本工程选用高光效、显色性好、使用寿命长、色温为 4000 K 的 LED 灯（图 3）。

在清洁走廊、候诊室、治疗室、病房、消毒供应室等场所设置紫外线消毒灯，并在护士站统一控制。

本工程设置应急照明灯及疏散指示灯。采用集中电源集中控制型，带市电检测功能。系统由应急照明控制器、应急照明集中电源、消防应急照明灯具、消防应急标志灯具等组成。由于本工程未设置自动火灾报警系统，应急照明控制器设置在护士站内。应急照明控制器备用电源工作时间为 180 min，消防应急灯具应急工作时间为 90 min（图 4）。

图 3（左） 病房实景图

图 4（右） 病房走廊实景图

4. 防雷系统、接地及安全措施

经过计算，建筑物年预计雷击次数为 0.09，同时此项目亦为人员密集场所，按照《建筑物防雷设计规范》（GB 50057—2010）分类，建筑属第二类防雷建筑物。

利用彩钢板屋面（外层钢板厚度大于 0.5 mm）作为接闪器。利用集装箱的竖向金属构件作为防雷引下线，引下线间距不大于 18 m。

由于本项目为传染病房，为控制污染，在整板基础下敷设了防渗卷材，本工程在引下线与基础连接处设置了 40 mm×4 mm 的热镀锌扁钢引至位于防渗卷材外的人工接地极，满足接地电阻不大于 1 Ω 的要求。

三、设备选型

由于本工程开工在疫情蔓延期间，刚好又赶上中国传统的农历新年，大部分工厂都没有开工，设备的供应也受到影响。例如原来供电方案中每个医护组团是采用 630 kV·A 的箱式变配电站，与供电部门沟通过程中了解到当下只能提供 500 kV·A 的箱式变配电站，经过对用电负荷的再次核算，又考虑到每个组团配置车载式柴油发电机组，在负荷用电极端高峰时也可以使用，最终确定采用 500 kV·A 箱式变配电站，以确保项目能够满足快速应急建设要求，如期投入使用。工程竣工后变压器容量能满足使用要求。另外，由于此工程采用的是集装箱式的板房，每个板房出厂时均自带了配电箱，为了加快施工进度，病房部分的配电箱也从每个单元（两个病房＋一个卫生间）设置一个配电箱改为病房、卫生间内均设置配电箱，加快了施工进度（图5）。

图5 病房电气平面图

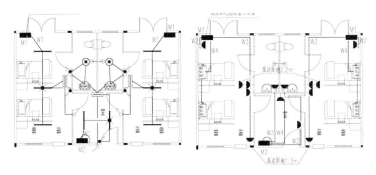

四、结语

自南京市政府下达医院设计任务后，从工地现场踏勘、与供电公司一起研讨供电方案、确定整体设计方案，到最终完成施工图设计，不足48小时，团队夜以继日，高效运作，为施工单位及时开工争取了时间。施工过程中，尤其是进入安装施工阶段，设计与施工紧密配合，设计团队每天都到施工现场，及时与施工单位沟通，现场解决施工过程中出现的一些突发问题（比如管线位置冲突、建筑功能分区临时调整等）。经过设计、施工、城建、医院使用方等多方的共同努力，经历了雷雨、降雪、大风等恶劣天气，终于按时完成了南京市公共卫生医疗中心应急病房楼工程（图6）。

图 6 病房实景鸟瞰图

08

南京市公共卫生医疗中心应急病房楼工程
智能化系统设计

李 骥 章敏婕 陈 拓

南京市公共卫生医疗中心应急病房楼工程智能化系统设计

Design of Intelligent System of Emergency Isolation Ward Building in Nanjing Public Health Medical Center

李　骥　章敏婕　陈　拓

李　骥

东南大学建筑设计研究院有限公司

建筑智能化设计所总工程师

高级工程师

章敏婕

东南大学建筑设计研究院有限公司

建筑智能化设计所主任工程师

陈　拓

东南大学建筑设计研究院有限公司

工程师

一、背景

2020 年 1 月末，在新型冠状病毒肺炎疫情快速传播的严峻形势下，设计团队遵照南京市委市政府指示，承担南京市公共卫生医疗中心应急病房楼工程智能化系统的设计和咨询工作。根据医务及管理的需要，结合本项目应急性、临时性、传染性的特点，智能化系统的建设包含了信息网络系统、综合布线系统、安全技术防范系统、护理呼应信号系统、病房探视系统、建筑设备监控系统、通信系统及配套的管路工程。

为响应项目快速建造的要求，智能化设计小组分为两队同步开展工作，一队人员负责需求调研、现场踏勘与方案确定，另一队人员跟进建筑与机电设计编制施工图。常规系统先行设计，再根据需求反馈、设备采购和施工情况动态完善。团队成员各司其职、高效协作，在 48 h 内完成第一版施工图设计，为施工方争取更多的建造时间，确保应急扩建工程能够如期交付。

二、智能化设计原则

疫情就是命令，时间就是生命。基于防疫形势的紧迫性，本工程采取边设计、边采购、边施工的非常规建设方法。智能化系统工程的设计遵循功能模块化、通信优选无线化、防疫管控多维化的原则，以适应医务要求为根本，提高管理效率为其次，简化非必要系统。

本项目位于已建成并投入使用的南京市公共卫生医疗中心旁，属于该中心应急扩建工程。中心智能化系统软硬件齐备，机房和管道等基础设施状态良好，电信、移动及联通公司在院区内建有通信节点机房，本次智能化系统工程的设计和建设充分利用中心已有资源，实现快速、经济建设。

三、智能化设计特点

1. 信息网络系统

信息网络系统包括公共信息网络、医疗专用网络和设备管理网络，三套网络物理分隔设置。

公共信息网络和设备管理网络利用南京市公共卫生医疗中心核心层交换机的备用端口，接入应急扩建工程新增的接入层交换机。医疗专用网络是本次建设的重点内容，新增的接入层交换机多达 27 台，现有核心层交换机已无法提供足够的备用端口和业务槽位，因此应急扩建工程区增设汇聚层交换机来实现与现有网络系统的对接。

为加快建设速度，医疗及办公终端设备优先采用无线接入方式。无线网络设计采用分布式无线网络架构，以应对箱式板房金属结构对无线信号的屏蔽效应。远端无线模块 RU 入室部署，对每间医疗、护理、办公用房实现 Wi-Fi 全覆盖。由中心 AP 对远端无线模块集中管理，以减少网元管理节点，节省 AP License 授权成本。

2. 综合布线系统

本次设计按照《传染病医院建筑设计规范》（GB 50849—2014）的相关要求设置网络及语音插座，同时参照武汉火神山医院的建设标准，在病房设备带上设置医疗专用网络插座，在病房内设置 IPTV 网络插座。

后期为匹配应急扩建工程的施工进度，经主管部门与建设方论证，对病房设备带网络插座、IPTV 网络插座及线路予以精简，优先保障无线网络、重要部位电话和有线网络布线的建设。

3. 安全技术防范系统

应急扩建工程充分利用南京市公共卫生医疗中心现有的安防系统平台及安全控制室资源，扩展建设视频监控、紧急报警、出入口控制等终端设备及线路。

在走廊、出入口、护士站、医生办公室等场所设置摄像机，用于监控医疗环境的秩序，确保人员及财产安全，其中医护人员主要出入口的摄像机具备体温检测及异常报警功能。在隔离病房内设置摄像机（图1），利用技术手段实现对患者的实时视频监护，有效减少了医患的直接接触，降低了医护人员的劳动强度。在缓冲间更衣室内设置摄像机，对医护人员的消毒和更衣操作进行记录和考核，便于感控部门及时发现和纠正不规范行为，确保感控措施落实到位。

图 1（左）　隔离病房视
频监护摄像机实景

图 2（右）　出入口控制
终端配置实景

在护士站设置可视化紧急报警器，当发生紧急情况时可一键操作向
安防控制中心报警，安防控制中心通过音视频复核确认警情，避免
误报情况。

根据医疗流程设置出入口控制系统，对污染区、半污染区与洁净区
进行医疗流线管理，系统采用非接触式识别方式（图2）。由于本
工程未设置火灾自动报警及消防联动控制系统，因此在有人值守的
护士站增设紧急释放开关，用于发生紧急情况时手动释放出入口控
制装置。

4. 护理呼应信号系统

根据护理要求，在各病区护士站与病房之间设置护理呼应信号系统。
系统由呼叫控制主机、床头分机、卫生间紧急呼叫按钮、护士站液
晶显示屏和走廊液晶显示屏组成（图3）。

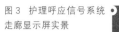
图 3　护理呼应信号系统
走廊显示屏实景

在第一版施工图设计中，根据医院信息化规划的目标，护理呼应信号系统按照全数字化架构进行设计。由于特殊时期医疗护理产品优先保障湖北省，市场仅能提供全模拟化设备，设计及时响应进行修改，确保了工程实施。

5. 病房探视系统

为了满足家属对隔离患者的探望需求，设置病房探视系统。系统由家属探视主机、移动式探视小车、管理服务器组成，可实现双向可视对讲、患者实时监护、家属远程探访等功能。

为加快建设速度，节省设备投资，本次设计采用无线式探视方案（图4）。每个病区配置一台移动式探视小车，本病区内共享使用，各病区之间不得共用移动式探视小车，避免交叉感染。

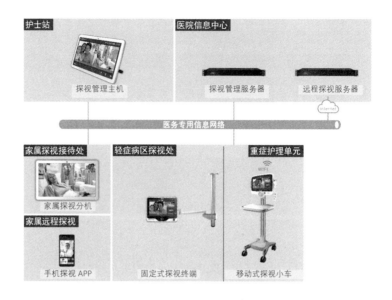

图 4 病房无线探视系统图

护士站
探视管理主机

医院信息中心
探视管理服务器　　远程探视服务器

医务专用信息网络

家属探视接待处
家属探视分机
家属远程探视
手机探视 APP

轻症病区探视处
固定式探视终端

重症护理单元
WiFi
移动式探视小车

6. 建筑设备监控系统

本次设计按照《传染病医院建筑设计规范》(GB 50849—2014)和《新型冠状病毒肺炎传染病应急医疗设施设计标准》（T/CECS 661—2020）的相关要求设置建筑设备监控系统。系统实现送排风机顺序启停、备用自投、滤网压差监控等功能，确保隔离区域正负压环境的稳定性。

后期为匹配应急扩建工程的施工进度，经主管部门与建设方论证，建筑设备监控系统暂不实施，在应急使用期间通过规范操作流程和加强巡视等措施达到有效管理的目的。

7. 通信系统

为满足应急扩建工程的通信需求，设计院、电信、移动、联通、铁塔公司联合制订通信系统实施方案。建设完成两个固定式基站和一个便携移动式基站，实现室内外 4G/5G 移动通信信号的全面覆盖；建设完成 500M 医院网络专线、100M 工地监控网络专线、20M 变电站监控网络专线、80 门电话交换设备和专线，为工程现场管理和医院运行提供了通信保障。

8. 管路工程

本项目使用预期为 10 年，根据平时与应急状态相结合的建设要求，智能化室外主干管道按照永久设施的标准设计。管道的规格及数量除满足应急扩建工程的使用需求外，也为南京市公共卫生医疗中心二期工程的建设做了充分预留，避免后期对道路和绿化的重复开挖破坏。

四、总结与思考

1. 设备选型与安装总结

在前期调研中厘清南京市公共卫生医疗中心已建成智能化系统的实施情况，并与医院、建设方、施工方达成共识，扩建工程的智能化系统尽量延用原有的品牌和系列，以充分利用已建成的平台资源，规避不同品牌的兼容性和二次开发对接等不利因素。

有条件时，优先采用无线式终端设备，以减少施工量，控制穿越隔离区缆线的数量，有利于感染防控。

在架空层内的主干线路穿金属线槽敷设，防范鼠咬破坏；在箱式板房内的分支线路穿阻燃塑料线槽，沿顶板或墙面明敷，有利于工厂预先装配、现场快速施工。

1 智能化桥架（顶板夹层内安装）
2 智能化桥架（底板夹层内安装）
3 智能化终端设备
4 送排风管道
5 病人走廊（污染区）
6 隔离病房（污染区）
7 医护走廊（半清洁区）

图 5 智能化桥架管线安装剖面图

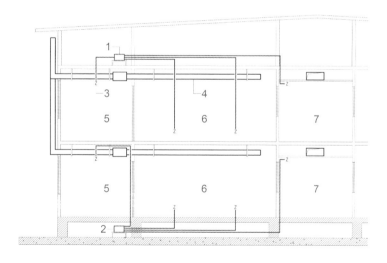

2. 设计优化总结

箱式板房在建设后期增设了钢结构金属屋面以加强防水保护，在后续工程建设中，二层的智能化桥架可调整到顶板夹层内安装，一层的智能化桥架可调整到底板夹层内安装（图5）。上述调整有利于房间净高控制，同时可避免管线在污染区与清洁区之间的交叉穿越，有利于感染防控。

3. 设计思考

临时医疗设施适用的设计规范和标准有待健全，刚刚建成的武汉火神山医院等参考案例的实际运行效果也有待检验，因此评判设计成功与否，很大程度上取决于使用需求响应与工程建设周期的契合。

应急扩建工程最大的特点就是"急"，战疫刻不容缓。通过本次实战，总结如下几个方面的深切体会供同行参考：（1）设计团队应具备比较丰富的医疗项目设计经验，较全面地掌握医疗信息化应用的要求，能够主动提出多选方案以应对工程快速建造、设备快速采购等要求；（2）应积极做好项目的踏勘调研工作，充分利用已有条件，以减少施工量、节省投资；（3）应与医疗顾问认真沟通，区分轻重缓急地做好智能化系统配置的取舍，设计师必须打破追求完美的桎梏，以更务实高效的态度来完成任务；（4）智能化系统设计师对模块化板材结构的房屋建设工序、线路与设备安装需要更加深入认识与研究。

南京市公共卫生医疗中心应急病房楼工程
暖通设计与思考

顾奇峰　龚德建

南京市公共卫生医疗中心应急病房楼工程暖通设计与思考

HAVC System Design and Thinking of Emergency Isolation Ward Building in Nanjing Public Health Medical Center

顾奇峰　龚德建

顾奇峰
东南大学建筑设计研究院有限公司
建筑设计一院
高级工程师
注册公用设备（暖通空调）工程师
龚德建
东南大学建筑设计研究院有限公司
专业总工程师
高级工程师
注册公用设备（暖通空调）工程师

自新型冠状病毒肺炎疫情暴发，迅速蔓延全国多地，根据目前认知此病毒传染性强、暴发性强，传播途径有飞沫传播、气溶胶传播、接触性传播等。由于疫情暴发性强，使得多地现有传染病房无法满足疫情使用要求，为满足确诊患者应收尽收，对重症、危重症病例集中救治、全力救治的要求，各地都在建设应急暴发性隔离病房楼。本团队参与了南京市公共卫生医疗中心应急病房楼的暖通设计，通过工程实践，总结了应急隔离病房楼暖通设计的思考和体会，供大家参考。

一、设计原则

考虑设备、材料方便采购，设计在满足应急医院隔离病房要求的同时，尽量考虑设计方案简捷，便于施工、安装。

确保合理的气流组织，同时防止污染区域与清洁区域的交叉感染。通风、空调系统应按清洁区、半污染区、污染区分区域独立设置。不同污染等级区域压力梯度的设置应符合定向气流组织原则，保证气流沿清洁区→半污染区→污染区方向流动。

通风、空调系统的送排风机应设置在清洁区，且半污染区、污染区的排风机应设置在清洁区专用机房内或室外安全处，送排风机不应设于同一机房内。

通风空调系统中不应安装对人体有损害的臭氧、紫外线等消毒装置。

防排烟系统设计按《建筑设计防火规范》（GB 50016—2014）及《建筑防烟排烟系统技术标准》（GB 51251—2017）等规范及标准的有关规定执行，同时兼顾医院应急和临时的特点（本项目设计未严格执行，采用了增加简易消防站的加强措施）。

二、空调系统

本项目因应急需求，工期紧、时间短，从项目启动到交付使用一共20 d。因此，所有房间均采用分体空调（带辅助电加热），室外机设置在建筑物外墙或屋顶，这样可以避免交叉感染，且采购和安装简单方便。污染区和半污染区的空调冷凝水分别收集排入多通道地漏，同污水、废水集中处理后再排放。

所有场所的新风系统均采用低噪音离心式风机箱（简单、易采购），风机出口处安装辅助电加热器，保证出风温度不低于 18℃，电加热器设风机断电联动保护，零线接地。机械送风总管设初效（G4）、中效（F7）、高效（H13）三级过滤器。室内外的新风管道采用难燃 B1 级橡塑保温，避免热量损失。

三、通风系统

通风系统设计的重点及难点是采取有效措施控制各区域的压力，实现有序的压力梯度，确保定向气流组织原则，相邻相通不同污染等级房间的压差一般不小于 5 Pa，隔离病房区（污染区）必须维持负压。

1. 病房区域通风系统

1）病房送排风量计算

压差的建立与送风量、排风量及房间的气密性有密切的关系。

送风量计算，根据《传染病医院建筑设计规范》（GB 50849—2014）的规定，呼吸道病房新风量不小于 6 次 /h，标准负压隔离病房换气次数不小于 12 次 /h，本项目设计应急隔离负压病房送（新）风量按照 9 次 / h（500 m³/h）计算。

排风量计算，首先根据《传染病医院建筑设计规范》第 7.3.4 条的规定，污染区每个房间的排风量应大于送风量 150 m³/h，则病房排风量为 650 m³/h；其次按照病房风量平衡计算。病房门窗缝隙泄漏风量可按下式计算（采用压差法计算）：

$$L=0.827A \cdot \Delta p^{1/2} \times 3600$$

其中：A——漏风面积，普通门窗缝隙大约 0.03 m²，本项目按此数据取值，实际情况需要研究；Δp——缝隙两侧空间压差，按5 Pa计算。病房门窗缝隙泄漏风量为：

$$L=0.827 \times 0.03 \times 5^{1/2} \times 3600 \approx 200 \text{ m}^3/\text{h}$$

病房排风量为 700 m³/h。综上所述，本项目病房排风量取 700 m³/h。

2）病房气流组织

采用上送、下排方式，避免送排风气流短路。送排风口位置应使清洁空气首先流过房间中医护人员可能的工作区域，然后流过传染源进入排风口。因此本项目病房采用医护人员工作区域顶部送风，病床床头两侧设置下排风口排风的方案，风口底部距地面不小于 100 mm（图 1）。

3）送排风过滤及风阀设置

送风采用粗效（G4）、中效（F7）高效（H13）三级过滤，病房排风口设高效过滤器（H13），送、排风支管设定风量风阀及电动密闭风阀，定风量阀确保各房间风量满足设计要求，电动密闭阀可单独关闭进行房间消毒。风机关闭连锁所有风阀关闭，防止各房间空气交叉污染。

图 1 病房通风平面示意图

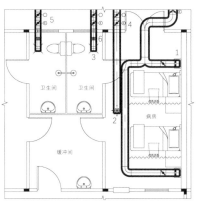

1. 下排风口，底距地 0.1 m，配高效过滤器
2. 上送风口
3. 上排风口
4. 定风量阀
5. 电动密闭阀
6. 高效过滤器

3.2 其他区域通风系统（表1）

表 1 其他区域通用系统

功能区	房间名称	排风		送风		备注
病房区（污染区）	病房卫生间	12次/h	顶排，风口设高效过滤器（H13）	无	无	维持负压（卫生间门应有缝隙）
	病人走廊	6次/h	顶排，排风总管设中效(F7)、高效(H13)过滤器	无	无	维持负压
医护区（半污染区）	医护走廊	6次/h	顶排，排风总管设中效(F7)、高效(H13)过滤器	4~5次/h	顶送	调节排风量，对病房区保持正压值
	医生护士办公区	6次/h	顶排，排风总管设中效(F7)、高效(H13)过滤器	4~5次/h	顶送	调节排风量，对清洁区维持负压值
清洁区	清洁走廊、休息室	无	无	6次/h	顶送维持正压	卫生间设排风10次，淋浴间设排风6次
卫生通过区	进入通道（一更、二更、缓冲）(图2)	无	无	6次/h	顶送	维持正压（图2）
	离开通道（更衣、缓冲二)(图3)	无	无	6次/h	顶送	维持正压（图3）
	离开通道（缓冲、脱防护服、脱口罩）(图3)	6次/h	顶排	无	无	维持负压

- 图2 进入通道通风平面
  示意图

1. 定风量阀
2. 排风口
3. 送风口
4. 半污染区排风立管
5. 清洁区排风立管
6. 清洁区送风立管

- 图3 离开通道通风平面
  示意图

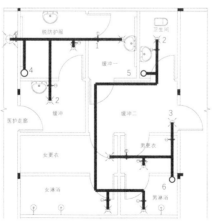

1. 定风量阀
2. 排风口
3. 送风口
4. 半污染区排风立管
5. 清洁区排风立管
6. 清洁区送风立管

3. 通风系统设计其他要求

本项目所有新风机及排风机均设置于室外屋面，采用低噪声离心式风机箱，病房区风机设备均考虑备用，以确保风机故障时通风系统不受影响，并确保压力梯度要求，防止病毒外溢，造成事故。

屋顶的室外排风口与进风口应保持一定的安全距离。进风口、排风口水平距离不应小于 20 m，如果水平距离不满足要求，排风口应高出进风口，确保进风不受污染。本项目排风口设伞形风帽高出进风口 3 m 高空排放，进风口、排风口水平距离在 18~20 m 之间。有条件时可以进行排风口污染模拟分析，确保进风口设置在清洁区域，不受污染。

如果有条件及设备供货允许的情况下病房及各功能房间宜设移动式空气净化器，以改善各房间的空气品质。

送风系统、排风系统上的过滤器应设压差检测、报警装置。

通风系统、空调系统安装完成后，应进行调试运行，确保气流沿清洁区→半污染区→污染区定向流动，调试合格后方可以投入使用，投入使用后通风系统应 24 h 不间断运行。

四、设计体会及思考

病房区域通风系统不宜太大，一般 6 个病房单元设一个送、排风系统比较合适，送风量约 3000~4000 m³/h，排风量约 4200~6000 m³/h，这样便于系统调试，容易达到定向气流组织要求。

负压隔离病房与其相邻、相通的缓冲间、走廊的压差，宜保持不小于 5 Pa 的负压值。最后调试时，由于建筑维护构造气密性差，调试结果难以达到 5 Pa 的负压要求，但满足气流从清洁区→半污染区→污染区定向流动要求，基本合格。疫情过后，需要研究建筑维护构造的气密性及窗墙的缝隙和孔洞面积，以便暖通专业进行精确计算，确保各区域的压力要求。

本项目各隔离病房的新风口原设置于两病床中间医护人员站立位置的顶棚，这样就可以使得洁净空气通过呼吸区和工作区向下流动到病人床头下侧区域排出。现场安装由于结构空间问题，新风口改为侧墙送风口，气流组织无法到达设计要求，这样可能会造成送、排风短路，降低了通风的效果。疫情过后，应与建筑构造专业共同研究，并进行气流组织模拟计算，确保气流组织合理和医护人员的安全。

本项目的通风管材，考虑到建筑净空高度要求及送风主管上要配置电加热器等因素，选用了镀锌铁皮风管，这样增加了风管制作安装的工程量，给项目按时完工带来了很大困难。今后应与风管材料商合作研究便于工厂化、便于快速生产安装的成品风管，以适合应急快速使用的要求。

由于时间紧，本项目新风系统均采用低噪音离心式风机箱，风机出口处安装辅助电加热器，仅仅考虑了冬季运行工况，如果疫情发生在夏季，那么如何处理需要深入研究。建议新风机组采用直接蒸发式全新风空调机组，今后需要与设备生产厂商共同研究适合应急使用的新风空调机组。

图4　实景照片一（左）
病房内通风管道

图4　实景照片二（右）
医护区通风管道

图4　实景照片三（左）
病人走廊通风管道

图4　实景照片四（右）
医护走廊通风管道

半污染走道与病房之间的缓冲间，宜按压力要求设送、排风系统，由于时间紧，考虑到此缓冲间各门密封性不是很好，因此未对缓冲间进行送排风，调试时基本满足气流定向流动要求。今后应加强缓冲间门的气密性，减少病毒带入医护走道的可能性，按计算对缓冲间进行送、排风。

送、排风系统上设置空气过滤器压差检测、报警装置，由于时间和成本问题，本项目最后未设 BAS 系统，因此要求通风系统维护人员加强巡查，检查压差检测、报警装置。空气过滤器达到更换要求时，必须按要求更换，确保送、排风量符合设计要求，防止病毒污染清洁区。

应急传染病医院消防设计应按《建筑设计防火规范》（GB 50016—2014）及《建筑防烟排烟系统技术标准》（GB 51251—2017）等规范及标准的有关规定执行，但根据应急性和临时性的特点，本项目未按规范要求设计消防排烟系统，采用了增加简易消防站的加强措施。疫情结束后应根据本项目的实际使用要求，严格按消防规范要求进行消防排烟系统改造后，才能正常使用。

参考文献

[1] 中华人民共和国住房和城乡建设部. 传染病医院建筑设计规范: GB 50849—2014[S]. 北京: 中国计划出版社, 2014.

[2] 中国中元国际工程有限公司. 新型冠状病毒肺炎传染病应急医疗设施设计标准: T/CECS 661—2020[S]. 北京: 中国建筑工业出版社, 2020.

[3] 湖北省住房和城乡建设厅. 呼吸类临时传染病医院设计导则（试行）[R]. 武汉, 2020.

[4] 许钟麟, 武迎宏. 《负压隔离病房建设配置基本要求》培训教材[M]. 北京: 中国建筑工业出版社, 2010.

10 群论一组

韩冬青 马晓东 高崧 曹伟   129

11 健康与安全诉求下城市老旧菜场的智慧空间优化策略

高庆辉 刘志现 王芳 闫宏燕 张琳惠   139

12 居住建筑防疫安全设计与思考

马敏   153

13 疫情中的办公建筑空调、通风系统运行及设计思考

龚德建   175

14 方舱医院给水排水设计与思考

袁俊 张咏秋 刘俊   185

15 新冠疫情下排水系统的对策与反思

刘俊   201

16 体育馆改造为临时医疗中心的智能化系统设计探讨

李骥 臧胜   221

思考篇

17 体育馆改造为临时医疗中心的配电设计分析与思考

范大勇 臧 胜   235

18 体育馆改造为临时医疗中心的暖通设计探讨

陈 俊 龚德建   245

19 城市公共体育馆的应急性防疫救治临时改造设计与思考

曹 伟 吉英雷 侯彦普   259

20 战疫反思 —— 多维度视角的公共卫生事件下建筑应对策略

高 崧   275

21 城市公共卫生事件下应急工程的设计与思考

孙承磊 曹 伟 沙晓冬   287

22 体育馆应急改造为临时医疗中心的可行性研究

"体育馆应急改造为临时医疗中心的可行性研究"课题组   305

10

群论一组

韩冬青　马晓东　高　崧　曹　伟

树立综合的建成环境安全观念

韩冬青

东南大学建筑学院教授、东南大学建筑设计研究院有限公司首席
总建筑师、江苏省设计大师

防护是人类建筑活动的初始动机。自人类在约公元前四五千年有定
居行为开始，寻求庇护安全不仅是空间营造的首要因素，也始终是
建筑合理性的基本内涵与标准之一。建筑设计中的安全设计包含了
结构、构造、材料、设备、安保、气候、疏散等多种要素。2020 年
春节期间突发的新冠肺炎疫情再一次催促对建筑安全设计的反思。
随着全球经济社会活动流动性和复杂性不断加剧，应对突发性公共
卫生危机的防疫安全已经不仅仅是公共卫生健康部门的事，也是包
括建筑学术和行业在内的全社会联防联控的重大责任。所谓安全第
一、预防为主，建筑学领域亟待加强与防疫和医疗救治相关的研究
和实践探索。

第一，要普及建筑设计中的防护安全理念。只要是承载人的工作、
生活或活动功能的建筑，都有必要把防疫安全纳入建筑空间组织和
物质系统配置的系统设计之中。在空间的划分和组合中需要在功能
分区、消防分区、性能分区与防疫分区之间寻找兼顾的策略。必须
摆脱过度依赖机械设备调节人造气候的封闭空间，充分开拓建筑形
态设计的绿色智慧，使人的活动空间与自然的风和光保持密切的联
系。要放弃对建筑高度和伟撼尺度的极端迷恋，使人能更容易、更

便捷地回到地面。建筑内部的水暖设备管线应以防护单元作为系统组织的基本单元，从而避免不同防护单元之间的流串风险。

第二，基于平战结合的原则，城镇医疗救治体系必须未雨绸缪，做好应对突发性公共卫生危机的场所和设施储备。另一方面，城乡公共建筑的配置体系和设计应有利于应对突发性灾难或公共卫生事件时的临时转换。我国城镇已不同程度地形成从全域到局部的公共服务设施体系化配置。在这一体系的补充和完善进程中，应着力探索基层社区公共服务设施在日常和突发危机两种状态下灵活应变的设计策略和运维策略，使日常的公共活动空间在危机时期可以转换为社区内部隔离防护和临时救治的场所，从而有可能避免整体或局部医疗救治体系的瞬时性崩溃。小城镇或县级市可以通过大空间类公共建筑的临时改造作为处置突发危机事件的临时应急隔离和救治场所。

第三，城镇空间形态的组织设计应倡导生态优先的组团结构模式。在严格保障城市气候廊道和生态开敞空间格局的前提下，职住相对平衡、功能有序混合的组团形态显然有利于调节局域和有限时期内的人口密集流动。同时，有限尺度的组团环境在客观上可以转化为突发危机事件下的安全防护单元。组团空间的集约化发展兼备城镇的日常活力和危机时期的灵活应变。

我们需要树立综合的建成环境安全观念，在建筑与城镇不同尺度的梯级中构建体系化的环境安全格局。从建筑设计到城市设计乃至城乡空间规划、环境安全体系的建设急迫且道远。

未雨绸缪——加强突发性疫情的规划设计应对思考

曹 伟

东南大学建筑设计研究院有限公司执行总建筑师

2020 年春节前后新型冠状病毒肺炎疫情的暴发，使武汉的医疗卫生体系受到严重的冲击，整个国家公共卫生体系也面临着前所未有的一次大考，促使我们重新审视和思考面向突发性疫情的公共卫生医疗设施的规划与设计应对，笔者提出一些粗浅的认识。

（1）加强突发性公共卫生事件的规划设计应对。在宏观规划设计层面，城市规划和城市设计要加强针对突发性城市公共卫生事件应对预案的相关研究。专项规划亦应增加应对突发疫情的举措，如可考虑在城市公共避难场所专项规划中，增加利用既有适宜建筑应急改造为城市临时医疗中心或灾备空间的方案。

（2）合理布局应急医疗设施，综合考虑平战转换、战时扩展和战略储备三方面的需求。部分地区为应对突发疫情临时建设的应急医院缺乏既有的成熟医疗资源体系支撑，也面临着后续拆除或长期弃置的处境，造成大量社会资源的浪费。建议未来大城市和特大城市，可参考南京市公共卫生医疗中心，规划建设应对突发公共卫生事件的核心医疗设施，使其成为区域和城市医疗资源的战略储备。

关注平疫转换，综合医院规划设计时应充分关注疫时传染病收治的快速转换和容量扩展。新建综合医院宜预留应对突发状况的应急场地，平时作为停车场地、绿地，预先做好场地基础，铺设水、电、气等各类机电基础设施主管线和预留容量，做好模块化装配式应急医院备件储备和能快速反应的产能储备，在短时间通过现场装配完成。当前医疗综合体的规模越来越大，整合程度越来越高，但在应对突发性公共卫生事件时的区域隔离封闭却不易实现。可分可合相对独立的传染性疾病收治区域可极大减少交叉感染的风险，也避免对其他区域形成冲击。综合医院诊疗空间中的部分独立区域应考虑可快速平疫转换的设计预留，具备暴发性城市公共卫生事件发生时的应急扩容能力。

（3）充分发挥分级诊疗体系中基层医疗的初期筛查作用。在这次疫情中，武汉地区早期症状患者绝大部分都涌向中大型医院，既加大了中大型医院的压力，也增加了相互感染的风险。应充分发挥分级诊疗体系中基层医疗体系的初期筛查作用，后续的基层医院设计应重点关注应对突发公共卫生事件的院感设计和工作预案。

（4）汲取疫情防控中应急病房建设的经验教训。在医疗卫生设施设计方面，应汲取此次疫情防控中各地应急病房建设的经验教训，及时进行总结，研究制定应对突发性公共卫生事件的应急医院设计导则、标准和标准图集体系，储备相关装配式医疗建筑、可移动式医技方舱车和移动污水处理模块等领域的技术研发，并制定应急医院建设实施预案。

建筑价值观的重新审视

高　崧

东南大学建筑设计研究院有限公司总建筑师

城市建筑工作室 (UAL) 设计总监

人类文明发展史充满了各种灾难，人类社会也总是伴随着灾难而进化。每一次灾难终将过去，此次疫情退去之后的思考与行动，更值得我们去关注、研究与探讨。每一次灾难的发生，对人类生存与社会文明都是一场危机。每一次危机都隐藏着机会，"永远不要浪费一场好危机"，丘吉尔这一充满哲学思辨的名言，启示我们，不应只看到"危"，被动应对"危"，更应该看到"机"，主动借"机"，借"机"而动。2020 年初 COVID-19 病毒全球大流行，无疑是大自然给予我们的又一次警示，我们正经历一场空前的危机，现如今，全人类均陷入一场抗"疫"苦战。对于人类，实际上是又一次深刻的教育，也是又一次大机遇。这场疫情给关涉人居环境建设的建筑领域带来机遇，其中最重要的是对建筑价值观的重新审视。

1. 首先是认识问题

(1) 人类文明发展的内在驱动，是人们不断膨胀的消费欲望，不断追求欲望的无限满足正是人类文明的发展动力，这种认识使得人们凭借技术这把双刃剑，冠冕堂皇、无节制地消耗着有限的资源。(2) 可持续发展，只能是延缓资源耗尽的进程，无法改变结果，这种认识使得人们放纵欲望成为一种必然。（3）人类一次次地逃脱大自然的惩罚，延续、进化到今天，"人定胜天"的认识，使得人们迷恋于技术的进步，自大地抗衡大自然的力量，仿佛人类终将成为宇宙的主宰。

2. 其次是评价问题

建筑评价准则与评价因素是价值观的重要组成内容。

(1) 建筑是人类活动的产物，强调人的意志，重视技术因素，关注艺术审美等，让人们在很大程度上忽视了建筑与自然的科学合理关系。(2) 社会公平、建筑效率、安全等因素，特别是公共安全因素的不断弱化，使得决策者和建筑师们热衷于建筑的"更大，更高，更强"以及个人审美情趣的表达，其结果是少数人的利益得到充分满足，涉及国计民生的大量性建筑逐渐远离建筑活动的中心。

此次 COVID-19 病毒全球大流行，给人类社会带来前所未有的冲击，并将对建筑领域形成全方位、多层次和整体性的影响。灾难、危机过后如何行动固然是我们真正需要做的，但思想意识问题是亟待解决的首要问题。因此，我们应该以积极的心态，及时抓住机遇，树立以绿色形态设计为主导的绿色建筑价值观，建立方向明确、整体科学的建筑评价体系，重新全面审视全领域现有的理论与实践，以顺应自然和与自然和谐共生的基本理念，全方位地探讨与实践面向未来的安全、科学、具有"韧性"的新型人居环境设计。

对疫情下建筑适应性设计和运营管理的思考

马晓东

东南大学建筑设计研究院有限公司总建筑师、城市建筑工作室
(UAL) 设计总监、江苏省设计大师

此次新冠肺炎疫情的形成和传播促使我们需要从根本上深刻反思人类破坏大自然和谐的不当行为，并以此为戒，提高全社会的科学认知水平。从疫情的行业应对来看，当下建筑设计需要重点关注的是疫情下建筑的适应性设计和运营管理。

（1）对疫情下建筑适应性设计的思考。我国对医疗建筑及传染病医院的设计有严格的、科学的技术标准，其他建筑满足生活、工作、学习等日常要求即可，无须达到此类专业防控的技术标准。但是，从本次新冠病毒可通过飞沫、接触等途径传播的特点看，合理有效的自然通风与机械通风设计还是建筑设计中的重点问题。建筑自然通风不仅是绿色建筑、健康建筑的基本要求，也是疫情应急中有效的措施之一。如何提高自然通风的效率以及既有通风空调系统防疫状态的适应性调整是设计的重点。中国建筑学会发布的《办公建筑应对"新型冠状病毒"运行管理应急措施指南》不仅对通风空调系统的运行提出了应对措施，同时也提出了某些设备"改造"与"增设"的建议。因此，需要进一步反思、优化与调整相关的设计标准。在给排水设计中，根据病毒还存在气溶胶及排泄物传播可能性的判断，要进一步关注及检验卫生间洁具选择与地漏、水封

等细节设计，以及能够有效防止窜风的通风井设计。

很多公共建筑需要承担防灾救援的城市功能。疫情应急有着严格及复杂的卫生防疫技术标准，利用会展中心展馆、体育馆等公共建筑实施方舱医院建设，需要对既有建筑空间进行适应性改造。改造设计的重点是建筑的分区与动线、通风空调组织以及排水、污染物排放等设计问题。虽然配置临时设施是可取的应急手段，但能否提高设计标准，进行某些预留设计，就需要对各类公共建筑"平疫结合"的可能性与经济性进行系统性的思考。

图 1 武汉方舱医院

（2）对疫情下建筑运营管理的考虑。建筑运营管理是疫情整体防控的有机组成部分，参考国家卫生健康委员会发布的《新型冠状病毒防控指南》中针对居家、办公场所、公共场所、幼儿园或学校、养老院等场所的防控疫情要求，需要思考编制能够适应各类建筑的防疫工作导则，对建筑场所、暖通与给排水设备系统提出合理的、具有通用性及针对性的防疫应对措施与操作方法，并形成建筑运营管理的应急机制。

11

健康与安全诉求下城市老旧菜场的智慧空间优化策略

高庆辉 刘志现 王 芳 闫宏燕 张琳惠

健康与安全诉求下城市老旧菜场的智慧空间优化策略

Intelligent Space Optimization Strategies of Urban Old Vegetable Market under the Demand of Health and Safety

高庆辉　刘志现　王　芳　闫宏燕　张琳惠

高庆辉
东南大学建筑设计研究院有限公司
执行总建筑师
研究员级高级工程师

刘志现
东南大学建筑设计研究院有限公司
建筑师

王　芳
江苏省建筑设计研究院有限公司
建筑师

闫宏燕　张琳惠
东南大学建筑设计研究院有限公司
在读研究生

一、背景

城市中老旧菜场普遍存在人流量大、环境脏乱差、设施数量少、秩序混乱等潜在健康隐患。菜场作为重要的公共服务设施与居民的健康息息相关，因此构建健康安全的菜场迫在眉睫。数年来，建筑师、媒体以及管理部门等相关从业人员长期将目光聚焦于城市"重要"的标志性建筑，而民生类建筑环境健康质量往往被忽视，公众对健康空间环境的认知又多局限于公园绿化、广场景观等室外公共场所，致使对于与百姓日常生活息息相关的菜场这类空间的健康性与安全性鲜被重视。

菜场建设既顺应国家相关民生政策要求，又要回应公众对健康与安全的诉求。近五年来，国家各部门已出台了《关于加快城乡便民消费服务中心建设的指导意见》《关于印发"菜篮子"市长负责制考核方法的通知》等一系列相关政策。江苏省内也推出了一系列政策措施来保障菜场建设，对原有农贸市场进行提档升级，南京菜场也将建立追溯系统。同时国内外学者展开了相关研究，研究内容主要集中在城市规划层面上，如菜场在城市中的布局、菜场对城市复兴的作用；建筑层面的研究集中于菜场的总平面布局和功能配置、菜场的发展趋势、室内物理环境的改善等，但对于菜场内部的空间布局创新与经营模式、消费模式的结合以及从健康安全角度优化菜场环境的研究较少。

本文以当前城市老旧菜场为对象，针对以南京城区为代表的老旧菜场展开调研，针对菜场存在的可能影响健康与安全的潜在问题，从不同层面进行分析和评价，提出建构健康安全的智慧菜场空间理念，并从创新经营模式、创新消费模式、优化空间布局和健康工作流程四方面提出可行的空间优化策略。空间优化策略主要包含增加检测检疫设施、结合中庭和绿化分割分区分级菜场、区域干湿分离的空间优化措施；建设网上公示、大众监督、无人售货、减少人员接触的线上销售、线下配送相结合的一体化智慧经营措施；完善展厅科普、教室咨询、志愿者服务和儿童娱乐托管等体验性功能，从而达到关怀大众、绿色健康的智慧菜场的目标，并形成具备可操作性、落地性的配套技术措施。

图 1 智慧菜场

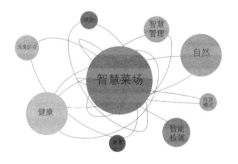

二、创新经营模式

传统的菜场人流量大、人员混杂。菜场由于其功能的特殊性，存在日常性的聚集使用时间段，加大了人与物、人与人之间的接触。这主要局限于菜场线下销售的传统经营模式。新的经营模式离不开与互联网技术的结合，如O2O营销模式，即线上线下协同运营的模式，给予不同人群多种消费模式选择，达到时间、空间、人员的分流。菜场能够在此平台上收集与整理自己所需的客户信息，并运用大数据技术与云计算技术对收集的信息进行优化与整合，以此降低运营成本，提升产品质量，从而为消费者提供高效、快捷的服务。

1. 线上销售、线下自提的经营模式

商家线上销售，消费者线上选购，可以节约双方的时间，减少社会资源不必要的浪费。线上平台的构建能够实现客户信息和各类商品与销售信息的实时共享。线下自提减少了传统的挑选、加工、售卖的环节，实现更快捷、更高效的菜场服务。线下自提可分类、分区集中商品，顾客通过二维码识别可实现自助取货，避免人员接触和交叉感染。

2. 线上销售、线下配送的经营模式

菜场的功能性使用时间主要集中在早晚一定的时间段，线下配送的方式一方面可以便利上班族，另一方面可使菜场不饱和时间段的劳动力得到利用。在未来可能突发的疫情或类似重大安全事件的背景下，通过线下配送则更可以在一定的服务半径内实现一个菜场定点服务。线上完成消费者的数据统计，能够及时统一备货、消毒、检疫、配送，实现优质、健康、安全的服务。

三、创新消费模式

经营支付终端的多样化、物资数据的信息化推动着菜场的智慧化进程，无疑对传统的消费模式产生了巨大挑战，也促使建筑设计中对这一变化进行积极应对。

1. 电子支付终端

从空间尺度上看，在传统的菜场交易模式下，卖菜的商贩距买家的平均距离不超过 2 m，而飞沫传播的绝对安全距离则为 2 m。同时在人工支付的等候区中，人与人之间的排队等待过程也极易发生病毒传播。因此，疫情发生后，传统菜场购物空间成为交叉感染的重灾区。

从这一角度来说，电子支付终端极大地减少了买卖人员在交易过程中的交叉感染，同时还可提高交易速度。除此之外，智能电子秤等设备还可以记录下消费者的购买记录，从而更利于菜场的经营。因此在未来菜场设计中，更多电子支付终端的应用、更大面积的自助付款区将是可行的发展趋势。

2. 信息数据显示

传统菜场中，排队、拥挤已然成为常态。通过实时信息数据的显示，消费者可以知悉商品消毒状况、农药残留量、菜场中停留的人数等信息，便于自行安排购物时间错峰购物，也可以看到市场的优惠折扣信息。这种方式使得传统的买菜环境变得不再拥堵，传统菜场也更有机会布置休闲区，极大地提高了传统菜场的空间品质。

3. 智慧菜场

目前国内对智慧菜场的构建更倾向于对公平交易环境的构建，由电子支付终端和信息数据显示来共同监督货物，保障消费者权益。疫情期间，智慧市场也可以监督菜品的消毒状况、高峰期的人流状况，同时可以对线上付款、线下配送的状态进行总体调控（图2）。

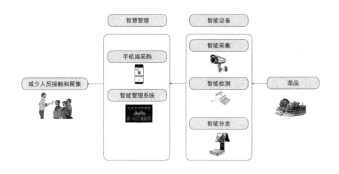

图2 智慧菜场模式

四、优化空间布局

改造与优化老旧菜场的空间布局有利于老旧菜市场的发展。同时，经营模式与消费模式的改变无疑会对菜场内部的空间配置产生影响。

1. 前场后场空间设计

老旧菜场存在人流与货流交叉的问题，未经消毒处理的货物与人混杂会存在健康安全隐患。同时大部分老旧市场没有预留出足够的停车位，无法满足线上销售、线下自提的运营模式。故菜市场在总平面布局中应分别设置前场和后场空间以达到人货分流。后场空间应设置足够的场地以容纳货物进场、副食包装、蔬菜整理加工、杂物堆放等功能；前场空间应预留空间供人员集散以及自提货物等。同时前场应遵循人车分流的原则，合理规划机动车与非机动车停车位，以满足不同取货途径的需求，为消费者带来高效的线下自提体验。

在经营支付终端的多样化、物资数据的信息化的消费模式下，菜场将减少收银区面积，新增电子支付与数据公示区。未来菜场设计中将以人机互动的空间取代排队、拣选等容易交叉感染的空间。

2. 功能区配置更新

经营模式与消费模式的改变无疑会对菜场内部的功能区配置产生影响。线上线下相结合的经营模式下，菜场将在一定程度上向"仓储式卖场"的方向发展。其中集中处理区、储存区和自提区面积会增大。自提区可根据货品储存需求、卫生等级、购买频次、货品体积和取货难易度等设计不同的取货方式和取货空间。同时可于前场空间设置一些"智慧微菜场"，将顾客线上订购的蔬菜有序放置于大型智能货柜中，方便顾客自提。

3. 业态多功能复合

随着菜场功能的不断扩展，其业态也不断做出调整。菜市场不只局限于单一的生鲜果蔬产品的加工销售功能，而是通过多元化、差异化的业态布局，打造集农贸购物、休闲娱乐于一体的综合性体验空间，满足消费者日渐提升的消费需求。将社区活动、加工展览、产品种植、餐饮娱乐、展厅科普、儿童托管等功能有序复合，妥善处理功能分区、流线整合等问题，营造具有人文关怀的体验式菜场（图3）。

例如可在菜场入口大厅设置展示和教育空间，容纳展示防疫知识、营养知识、学习上课、举办论坛活动、展示菜品的加工流程等功能（图4），定期按计划组织民众在此进行学习，不仅可以提升他们的健康防疫技术与知识，还可以提升菜场的氛围。同时可在大型菜场内举办一些大厨授课、厨艺比赛等活动。公众可在买菜后来到公共厨房一起洗菜、做菜、品尝食物，提升厨艺，丰富文娱活动。

图 3 业态多功能复合

147

4. 分污染等级、标准化隔间

菜市场销售商品种类丰富，需要科学合理的功能分区，避免各区域之间的交叉。例如可以将商品按照购买频次高低、储存要求、卫生标准、不同类型、不同污染等级分区，如蔬果区、熟食区可靠近外围，水产区、禽类区等活体区可与屠宰区共同布置在卫生防疫标准更加严格的区域，独立分区，并设置相应后场区域（图5）。各分区采用可满足卫生和操作要求的标准化单元隔间。

5. 植入天井、亲近自然

菜市场由于生禽宰杀、垃圾未及时处理等原因会产生大量废气，滋生细菌，从而加剧菜场室内空气质量的恶化，危害人体健康。在大

图4（左）　前场空间多功能复合

图5（右）　分区分级

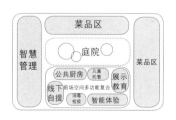

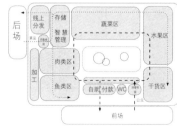

型菜场中，菜场规模的增大会造成中部通风不畅、采光较差等问题。一方面可通过机械系统处理净化空气，另一方面也可将天井、天窗植入菜市场大跨空间中（图6），利用自然通风加速室内空气流通，增加阳光渗入[1]。不仅可以改善菜场物理环境，利于卖家及消费者的身体健康，同时购物者可以亲近自然提升购物体验，体现人文关怀。

6. 结构选型、绿色建造

菜市场为多跨的大一统空间，功能较为规则单一。可采用置入绿色节能技术的预制钢结构模块进行快速组装设计（图7），根据菜市场运营情况来灵活增减规模和调整空间功能。所有的建筑构件和模块产品可进行重复拆装，响应当前国家对工业化建造的政策导向，实现可循环利用和绿色建造。

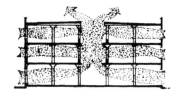
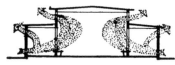

图 6 植入天井、天窗，改善通风采光

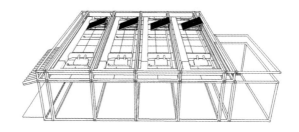

● 图 7 预制钢结构模块

五、健康工作流程

在菜场中建立优化的空间布局和健康的工作流程，严格执行从菜品检疫消毒到分类分级储藏，再到加工、售卖分区操作，最后分污染等级地进行污物合理处理的工作流程。

（1）分类分级储藏，加工售卖分区操作。菜品按照肉类、鱼类、蔬菜、水果、干果等种类，应划分明确的区域分类、分级储藏和售卖，现场加工的菜品需要做好防护隔离，保证污物不会外流。菜场的建筑设计必须提供有利于健康管理的流线和空间布局的分区分级，从基础上保证措施的执行。

（2）消毒检疫、污物处理。菜场属于人流密度大的场所，民众应做好检测防疫，销售人员应佩戴口罩和发套等防护用具，以减少对菜品的污染。在需要的情况下应对进入菜场的民众进行体温检测，增强菜场的安全管理。在运送菜品前，应对存放场地进行清理，避免菜品被污染。运输过程中应确保菜品不接触污染物。应设置管理、检疫和洁具间，保证对菜场的清洁消毒与检疫工作。

参考文献

[1] 钟军立，曾艺君．从自然通风谈室内菜市场的健康设计 [J]．重庆建筑，2004(1)：29-32.

图片来源

图 1、图 2、图 4、图 5 笔者自绘。

图 3 http://www.onewedesign.com/caishichangsheji/58-429.html.

图 6 许家珍，万钟英．浅谈菜场建筑设计 [J]．建筑学报，1982（7）：72-77.

图 7 https://timgsa.baidu.com/timg?image&quality.gif.

12

居住建筑防疫安全设计与思考

马 敏

居住建筑防疫安全设计与思考

Epidemic Prevention Design and Thinking of Residential
Buildings

马　敏

东南大学建筑设计研究院有限公司
建筑设计三院主任建筑师
高级工程师

一、背景

建筑是人类的庇护所，建筑师需要不断探索满足人们生存发展需求的适宜路径，目前发生的新冠病毒疫情对我国人居环境提出了严峻的挑战。面对这种突发性公共卫生事件，必须提升卫生防疫能力的设计，提高居住建筑的"免疫力"，使其具有安全防疫的适应性。

此次新冠肺炎存在 14~24 d 的潜伏期，且潜伏期内具有很强的传染性。全国范围内执行居家隔离和减少外出的防疫制度，对遏制新冠肺炎病毒的传播起到了积极有效的阻击作用。居住建筑是疫情期间老百姓所处时间最长的环境，应具有生活上的舒适性、健康性和安全性。本文针对健康居住建筑阻断病毒传播进行探讨，并给出相关防护措施建议。

二、居住组团提倡"小街区"模式

显而易见，人口越密集的居住区组团，病毒传播效率越高。在应急管理时期，尤其是实行小区隔离管控等应急状态下，过高的人口密度会给居住区管控带来更大的压力。因此，实施新版《城市居住区规划设计标准》（GB 50180—2018），控制城市居住区人口密度十分必要。居住组团规模的控制，"小街区"模式值得提倡（图 1），这种模式能有效地控制疫情蔓延。

三、居住区出入口"无接触"设计

居住建筑的防疫设计不应仅针对建筑单体，应根据居民居住行为的特点，从日常归家流线和活动流线出发，面向整个居住小区各个关键节点，有针对性地制定不同防疫设计策略。

1. 进出流线

小区出入口的设计，应对人流、车流以及访客进行有效控制。小区出入口是实行小区隔离管控的第一道关口，建议小区入口门卫设置消洗点，有效阻止污染源进入小区内部。

视小区管理情况，通过门禁读卡器、头像识别或虹膜识别等先进装置，把控外来人员的未经授权进入，配合电动门的使用，实现智能化"非接触式"进入小区方式（图2），避免接触传播。有条件的小区，入口电动门处可设置人体温度监测装置，实时监测进入小区人员的体温，超正常体温时可自动报警。此措施可有效避免人工监测的传染风险与监管漏洞。

2. 快递收发点

小区快递送达流线应结合门卫及围墙设计，应保证快递送达流线和寄快递的流线不交叉、不聚集，外卖流线的送和取不交叉、不聚集，提倡外投内取的"非接触式"方式（图3），充分发挥快件收发的功能。

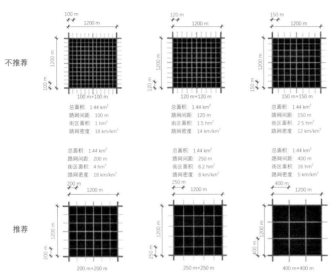

不推荐

推荐

总面积 1.44 km²
路网间距 100 m
街区面积 1 hm²
路网密度 18 km/km²

总面积 1.44 km²
路网间距 120 m
街区面积 1.5 hm²
路网密度 14 km/km²

总面积 1.44 km²
路网间距 150 m
街区面积 2.5 hm²
路网密度 12 km/km²

总面积 1.44 km²
路网间距 200 m
街区面积 4 hm²
路网密度 18 km/km²

总面积 1.44 km²
路网间距 250 m
街区面积 6.2 hm²
路网密度 8 km/km²

总面积 1.44 km²
路网间距 400 m
街区面积 16 hm²
路网密度 5 km/km²

在约 1.44 km² 范围内, 100 m ×100 m、120 m ×120 m、150 m × 150 m、200 m × 200 m、250 m ×250 m、400 m × 400 m 六种不同街区边长度情况下的街区规模和道路网密度

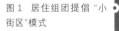

图 1 居住组团提倡 "小街区" 模式

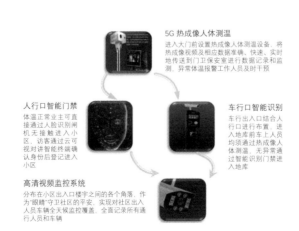

5G 热成像人体测温
进入大门前设置热成像人体测温设备, 将热成像视频及相应数据准确、快速、实时地传送到门卫保安室进行数据记录和监测, 异常体温报警工作人员及时干预

人行口智能门禁
体温正常业主可直接通过人脸识别闸机无接触进入小区, 访客通过云可视对讲智能终端确认身份后登记进入小区

车行口智能识别
车行出入口结合人行口进行布置, 进入地库前车上人员均须通过热成像人体测温, 无异常通过智能识别门禁进入地库

高清视频监控系统
分布在小区出入口楼宇之间的各个角落, 作为 "眼睛" 守卫社区的平安, 实现对社区出入人员车辆全天候监控覆盖, 全面记录所有通行人员和车辆

图 2 进入小区 "非接触" 智能化方式

小区出入口两侧按临近楼座分区编号设置嵌入式智能双面快递柜，快递员在社区外投件，业主在社区内取件，既实现无接触接收发快递又避免了业主出门取件、进门安检的烦琐程序。分区编号布置快递柜方便业主就近取件的同时，避免集中取件造成人员聚集。

四、居住单元出入口防疫设计

（1）双入口智能电动门及云可视对讲智能终端地库入单元入口和首层入户门厅等公共部位应采用设计先行原则，优先采用人脸识别智能化门禁系统、远程智能化控制系统、声控和低位脚接触式开启等设备，做到无接触进入居住单元，降低接触性感染概率。（2）电梯厅优选通风系统。非消防电梯厅设置新风系统，兼消防电梯厅尽量自然通风，机械排烟电梯厅定时开启加压送风口进行通风。（3）无触碰智能电梯。常开电梯通风设施，智能电梯与单元门联动，根据

图 3 小区入口快递收发点"外投内取"方式

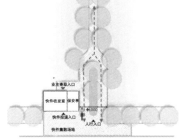

步行速度延时自动一层等候，人脸识别或声控运行电梯，实现无触碰乘电梯上下楼。（4）公共走道压差隔离病毒。走道自然通风或设置新风系统，户内设置分户式新风系统，入户玄关风压与走道相同或略大，户内其他空间新风风量大于玄关，形成压差，阻隔公区空气进入室内（图4）。

五、竖向交通核在高层住宅中应分置

疫情之下，应特别关注小高层及以上居住建筑的竖向交通组织。针对高层建筑的平面设计，提倡分置竖向交通核（双核或多核）模式，户与户之间用连廊（图5），平时解决消防，疫时可以断开，避免一户出现疑似，整栋楼全部隔离。传统户型的单核心筒服务多住户的竖向交通组织（图6），在防疫方面存在先天的缺陷，建议在以后的设计中尽量规避。

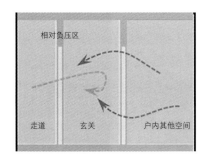

图 4　公共走道压差隔离病毒

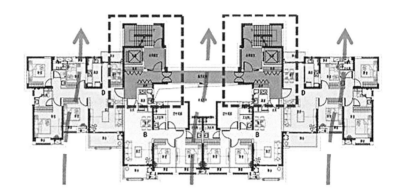

图 5 竖向交通核（双核
或多核）模式

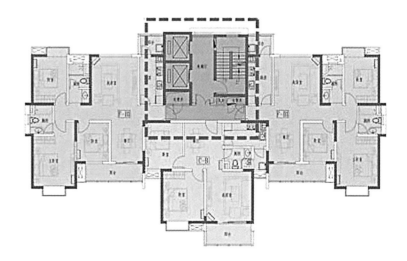

图 6 传统单核心筒服务
多住户在防疫方面存在
先天的缺陷

六、入户空间设置"入户消洗"

1. 入户平台

在常规玄关入口前增加室外入户平台，作为进入住宅户内的第一道防线，对于隔绝户内与户外、切断流行性疾病的传播途径、避免交叉感染尤为重要。有疫情时，可作为室外和室内的过渡空间，进行消毒等处理，算是半污染区（图7）。

进门位置的入户平台考虑在疫情期间再加一道"临时防护门"。如果有人从外面采购食物回来，先到设备平台进行洗手、消毒，并将外衣、口罩、护目镜等都放在设备平台上。不要直接带入家里，对家人也是一种保护。

2. 入户玄关

入户玄关常规设计中，要考虑放置鞋、包、外套、手推车、雨具等；在防疫设计中，还要考虑换洗、清洁、消毒等功能的布置和设备设施的预留条件，满足洁污分区要求。

若没有设置入户平台，入户玄关"消洗功能"设置就很有必要。玄关空间若能实现"免接触"+"勤消洗"，病毒则无法靠近家人。另外，快递包装在户门之外完成拆开、丢弃的流程，也是避免病毒入侵的重要途径。

入户玄关大致分为如下三类：

1）分离式玄关

严格按照洁污分区、干湿分离的设计原则，依次分别布置脱外套、放置物品—盥洗、消毒—换衣等功能空间（图 8）。

玄关：污区，玄关内布置衣柜、鞋柜等储藏空间，增加排风等设施形成负压空间，预留简易清洗、消毒等装置（如安装洗手盆、放置消毒液、消毒灯等），同时满足日常出、进门等需求。盥洗间：半洁净区，布置洗手盆、洗衣机、挂烫机、淋浴等设备，满足进一步盥洗消毒的需求。衣帽间：洁净区，满足更换新衣的条件。

防疫时期为形成完全的洁污分区，门①做封闭处理，门②和门③应保证具有互锁功能，不能同时处于开启状态。在玄关内增加排风设

图 7（左） 住户入口的半污染的过渡空间

图 8（右） 分离式玄关示意

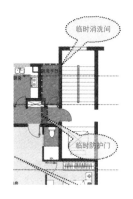

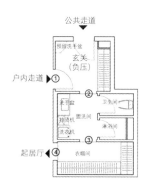

施，使玄关和盥洗间处于负压区域，压力梯度变化应能保证空气由衣帽间（洁净区）向玄关（污区）方向流通。

完全分离式玄关的优点是疫情期间防疫安全性好，缺点是平时使用效率低，与平时户型设计结合不理想。

2）集中式玄关

在玄关中集中布置脱换衣、盥洗消毒等功能，也可结合卫生间综合盥洗、消毒功能（图9）。此种布局面向刚需小套型设计，由于受空间限制无法实现完全的洁污分区。平面布置除应在玄关增设排风装置外，还应保证玄关、卫生间为负压区域。

防疫时期在玄关和卫生间必须增设消毒灯，且保证套内人员与室外进入的人员不同时使用玄关及卫生间，且最好保证一定的错开时间。

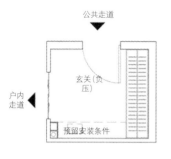

图 9 集中式玄关示意

3）非封闭式玄关

对于已建成住宅的开敞玄关（非封闭玄关A），可增加隔断形成封闭式玄关，玄关内增加衣服放置空间、简易清洁消毒设施摆放空间及其他有效手段（图10）。

对于早期的部分项目，玄关设计重视程度不够，要么没有玄关，要么只是客厅或餐厅的一部分（非封闭玄关B），这种情况完全没有考虑住宅的防疫需求，而且很难通过改造进行优化调整，建议在以后的设计中尽量规避。

图10 非封闭式玄关示意

非封闭玄关A

玄关与餐厅空间合用，无改造或封闭条件，建议后续设计中规避

非封闭玄关B

七、"防疫隔离户型"设计

1. 套内"隔离间"设计

疫情中，如果家庭中有人不幸疑似感染，马上要将一个户型单位分离出来作为"隔离间"（图 11），以避免传染给更多的家人。

"隔离间"应有单独的卫生间，与其他功能空间之间宜布置前室，满足隔离防疫、送饭送水等需求。有条件的可在房间内预留做简餐的条件，满足隔离期分餐要求，同时减少与家人直接接触的机会。

"隔离间"内应有可靠的机械排风措施，"隔离间"常为负压区，且保证空气不得流向其他空间。"隔离间"内宜设置阳台，并应保证有充足的日照，有助于感染者恢复健康。

图 11 套内隔离间示意

2. 防疫户型设计

拥有"隔离间"，户型演变为防疫户型。现针对一三室两厅两卫的典型户型进行分析，结合各功能空间洁污分区和平时、防疫时功能使用的情况进行重新设计，供大家交流和探讨。

平时使用。如图12所示，三室两卫、南北通透的典型户型，户型设计兼顾平时使用及防疫时期改造要求。入户门前增设入户花园，增加入户舒适性体验，同时作为入户前缓冲区，可以提前进行必要的清理及消毒。

防疫时期。当不需要隔离间时，将①处的门封闭处理即可；当需要设置隔离间时有两种情况：情况1，主卧作为隔离间，③位置增加门；情况2，南向次卧作为隔离间，①位置门不封闭，②位置门封闭。

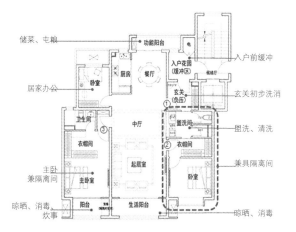

图12 防疫户型示意

八、居家抗疫之"双钥匙房"

抗疫生活从线下转到线上，活动从户外到蜗居在家里。此次疫情使人们生活方式发生了改变，"家"已经成为普通民众的抗疫区。

疫情期间，每个家庭成员的作息时间都不同，孩子要在家上直播课，大人要在家远程办公，如果没有独立的空间，很容易让人变得懒散。可分可合的"双钥匙房"（图13）很好地解决了居家抗疫的需求。

"双钥匙房"作为两代居的一种类型，本身并不是新的概念。一大一小两个独立户型，大户型家长与小孩住，小户型老人住，平时可相互照顾，又可避免因生活习惯的不同而产生家庭矛盾。疫情中，如果家庭中有人不幸感染，可马上将一个户型单位分离出来作为"隔离户型"，以避免传染给更多的家人。

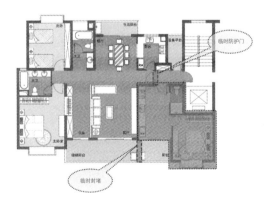

图13 居家抗疫双钥匙房"示意

九、既有居住建筑防疫安全建议

1. 加强居室的自然通风

医学专家们一再强调，最简便、最有效的预防病毒的办法之一就是多开窗通风。其原理在于大量的室外空气进入室内，使室内可能存在的病毒稀释，抑制其发作的可能性。典型案例就是 2003 年非典期间，北京某医院不同通风情况的诊室感染情况完全不同（图14），胸外科诊室只能从走廊进风，4 名医生全部确诊 SARS；外科诊室可以通过外窗通风，4 名医生无一例感染。

合理地选择建筑的平、剖面形式，是组织自然通风的重要措施。一字形建筑对通风有利，可将主要使用房间布置在夏季迎风面（南向），背风面则布置辅助用房。合理的楼体进深、层高设计也是必须考虑的。从防疫设计的角度看，居住建筑的进深以 10 m 至 13 m 为宜，太浅或太深都不利于室内空气流动。但目前许多住宅楼进深达 20余 m，根本无法获得良好的通风条件。从卫生角度考虑，建筑物层高应达到 3 m 以上。

功能性居室更要重视对流通风，使每户在关闭户门情况下可产生对流风（图15）。卫生间最好设计为明卫，没有条件通风的，要做好管道。有条件要选择双卫的户型，更为方便，主卧采用套房设计，配备单独的卫生间，如果家里有人感染病毒临时需要自行隔离，这个独立的空间就显得非常人性和必要了。

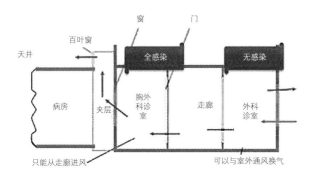

图 14 非典期间北京某医
院感染的平面布局示意

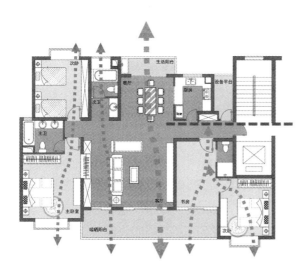

图 15 自然通风的居住
建筑平面示意

2. 加强排污管道的防疫

最新的研究发现，部分新冠肺炎患者的大便和肛拭子中存在病毒核酸，而大量的病毒会随着粪便、呕吐物排入污水管道中。住宅中污水管道连接住宅内的马桶、洗手盆、浴盆和地漏，排污管道在建筑中从上到下贯通，其顶端伸出楼顶天台排气。

马桶、洗手盆、地漏浴盆下方装有 U 形、S 形等水封，极易因为正压喷溅、负压抽吸问题导致水封消失。地漏中水弯的水量只有 1~2 cm，在较干燥的气候条件下，极易因为缺少水封而导致臭气、病菌等飘入室内。解决办法是保持卫生间、房间地漏的水分，每隔两三天向地漏内注入少量的水或消毒水，作为"水封"，以防止带病毒的空气入侵。还有就是卫生间的污水、废水分流，只是在卫生间内增加一根排水立管，对卫生间的空间布局影响不大，但是效果很好。

3. 加强厨房排烟道的防疫

病毒存在"气溶胶传播"的可能性，上下楼层贯通的厨房排烟系统存在病毒传播的可能。目前应用最多的厨房排烟道是主副烟道的模式，在烟机关闭且外部风压大的情况下，会出现倒风倒烟的现象。应严格排查自家排烟管烟道连接处的密封性，楼宇中存在隔离肺炎患者时应远离天台。

4. 加强空调系统防疫安全

居住建筑的空调系统大部分为分体式空调系统，还有小部分为 VRV 多联机中央空调系统。分体式空调系统与 VRV 空调（常见有壁挂式和立柜式），为室内空气自循环，室内机有空气清洁过滤装置，基本与外界无空气交换，不会造成病毒交叉感染，日常可以直接开启空调使用。

防疫建议：（1）分体式空调可照常使用，加大房间的换气量，定期开窗换气，可以有效预防感染。（2）夏季室内排出的空调冷凝水存在病毒传播的可能，应确保空调冷凝水有组织地排入下水管道。如为确诊患者或疑似患者，居家隔离期间应确保自家空调冷凝水不滴向其他住户。（3）在新风系统正常运行的情况下，VRV 空调可以照常使用，处理新风的方法各异，应注意进风口与排风口位置，避免废气被二次吸入进风口导致交叉污染。（4）家用空调系统的过滤网、风道出风口是病菌和病毒生存繁殖的栖息地，建议及时取出清洗、消毒灭菌。

十、结语

结合城市韧性建设，居住建筑的防疫安全设计应具有生活上的舒适性、健康性和安全性。在发生突发公共卫生事件时，居住建筑应能及时迅速地应对。无论这场疫情何时结束，抑或与人类长期共存，都将给社会带来巨大伤痛和损失。设计人员必须积极投身这场战役之中，认真反思建筑设计中存在的问题及解决方法，尽到一名建筑师的社会责任。

参考文献

[1] 吴继伟, 吴文楚. 住宅设计中应注意的卫生防疫问题 [J]. 广东建材, 2007(10):119-120.

[2] 张雨. 谈对建筑卫生设计的分析 [J].China's Foreign Trade, 2010(A12): 193.

[3] 韦鸿雨. 建筑环境对传染病传播的影响及相关分析 [J]. 山西建筑, 2004(14): 4-5.

[4] 董晓莉. 建筑和住区中疫病传播途径及其控制初探 [D]. 北京: 清华大学, 2005.

[5] 王清勤, 孟冲, 李国柱. T/ASC 02—2016《健康建筑评价标准》编制介绍 [J]. 建筑科学, 2017(2).

13

疫情中的办公建筑空调、通风系统运行及设计思考

龚德建

疫情中的办公建筑空调、通风系统运行及设计思考

Consideration on the Operation and Design of HVAC System for Office Buildings during Epidemic Period

龚德建

东南大学建筑设计研究院有限公司
专业总工程师
高级工程师

新型冠状病毒肺炎疫情的暴发对空调、通风系统设计提出了更新更高的要求，本文通过分析现有办公建筑空调、通风系统的实际状况，提出疫情期间空调、通风系统运行原则，并对今后办公建筑空调通风系统设计提出一些改进意见和建议，以减少病毒可能的传播途径，提高空气品质，使空调、通风系统在疫情期间可以正常使用，为人们正常工作、生活提供保障。

一、概述

办公建筑类型繁多，包括公寓式办公楼、酒店式办公楼、综合办公楼、政府办公楼、商务办公楼等。办公室空间形式有开放式办公室、半开放式办公室、单元式办公室、单间式办公室等。

目前办公楼空调系统类型包括：定风量全空气系统、变风量（VAV）全空气系统、风机盘管加新风系统、变制冷剂流量一拖多多联机空调（热泵）机组（简称多联机空调）加新风系统、分体式空调、户式空调系统等。

二、目前办公楼空调系统的优缺点及在疫情期间的运行要求

全空气系统的一个系统服务区域比较大，空气集中处理，目前全空气系统一般仅采用初、中效过滤器，无法过滤现行病毒，容易造成本区域空气污染。

在正常情况下，全空气系统与风机盘管加新风系统相比具有如下优点：（1）空气处理机组集中布置有利于管理维护，且有利于系统噪音设计与控制；（2）系统处理风量大，服务面积大，换气充分，空气集中处理，空气清新，品质好；（3）有较强的空气除湿能力和空气过滤能力（但无法满足疫情需要）；（4）冷凝水在空调机房处理，不会对办公室产生影响；（5）在过渡季节可实现全新风运行，节约能源。

但是当疫情来袭时，由于服务区域大，各个房间通过风管相连，导致各区域空气混杂，容易使病毒气溶胶在建筑各区域之间传播，病毒潜在传播风险大。因此，在疫情中应尽量不运行全空气系统。如果必须运行空调系统，应该完全切断回风，转变为全新风模式运行，增大新风量以增大房间换气次数，房间可以开窗通风。若全新风运行无法满足室内温湿度要求，可以采取提高一次侧热源温度、提高空调系统供回水温度等措施来提高送风温度，从而满足人体舒适性。有条件时，新风入口可加装低阻型中效、亚高效过滤装置，所有送、排风机应 24 小时运行。

与全空气系统相比，风机盘管加新风系统最为突出的优点是可以根据房间的使用情况确定风机盘管的开关，具有独立控制的优越性，可灵活地调节各房间的温度，容易实现系统分区控制。风机盘管加新风的空调系统能按房间朝向、使用功能、使用时间等划分为若干区域系统，实施分区控制，风机盘管机组体型小、占地小，布置和安装方便。但风机盘管加新风系统或多联机空调加新风系统与全空气系统相比存在如下缺点：室内空气处理比较简单，空气品质比较差，各房间新风量无法增加，易发生空调凝结水渗漏事故。在疫情发生期间，风机盘管加新风系统与全空气系统相比，它的优点比较突出，因为总体来说各房间的空气互不串通，可以有效避免交叉污染，防止病毒传播。

疫情期间，风机盘管加新风系统或多联机空调加新风系统的运行应以通风的安全有效为主要原则。首先要避免新风系统混入污染空气，确保新风是取自室外的新鲜空气，且新风口保持清洁、不受污染，如果采用新风换气机作为新风处理机时，应优先选用无交叉污染风险的新风换气机。其次新风系统应全天候连续运行，这样可以确保新风管道正压，避免污染空气进入新风系统。此外，设有排风系统的办公楼应保持排风系统全天候连续运行并经常开窗通风换气，这样可以最大化地保证通风效果。最后，要注意空调设备的定时清洁，如全新风空气处理机组的盘管、过滤网和冷凝水集水盘要定时清洗，新风竖井或新风管道要保持通畅，管理人员也要定期对风机盘管各部件进行统一清洁消毒等。

采用上述措施的风机盘管加新风系统或多联机空调加新风系统的空调系统在疫情期间是可以使用的。

疫情期间，采用热回收装置的新风系统应根据热回收装置的形式采用不同的运行措施。采用转轮式热回收装置的转轮应停止运行，新风、排风系统独立运行。采用板式、板翅式热回收装置的，不应使用热回收装置，可通过开启旁通阀实现新风、排风系统独立运行；对于未设旁通阀的，可以只开启新风系统，排风系统停止运行，可以利用开窗或其他独立排风系统维持房间风量平衡。采用热管式、溶液式等无交叉污染的热回收装置的，可正常使用热回收新风系统。

分体式空调、户式空调系统，空气过滤网和冷凝水集水盘经检查清洗后，疫情期间可以使用。

疫情中空调使用期间，一旦发现有确诊病人、疑似病人时，应及时报告并立即关闭此确诊病人、疑似病人活动区域的空调系统，防止疫情扩散、交叉感染。

三、疫情期间空调通风系统运行前应注意检查消毒

疫情期间空调系统重新投入使用之前，空调系统运行管理人员应对空调系统现状进行检查。

（1）掌握空调系统分区情况，清楚各楼层、各房间与空调系统的关联情况；（2）检查空调、通风设备正常运行时，运行参数和控制功能是否正常；（3）检查确认新风口及周围环境清洁，确保吸入的新风为新鲜清洁的室外空气。（4）检查确认通风系统管路无缝隙，无串风、短路情况；（5）检查确认相关阀门、各部件功能正常。

现状检查工作完成后应对空调系统各组成部件进行清洁消毒。

（1）空调系统投入运行之前，必须对空气处理机组各部件进行清洗或更换，运行后保持定期检查。防止各部件表面成为病菌滋生场所，保证送风清洁。空气过滤器、表面式冷却器、加热器、加湿器等易集聚灰尘和滋生细菌的部件应定期消毒或更换。（2）空调机房应保持干燥清洁，定期消毒，严禁堆放杂物。（3）分体空调室内机与空气处理机组的冷凝水集水盘及风机盘管、多联机空调室内机组的冷凝水集水盘，必须保持凝结水排水顺畅，消除存水凹槽，定期清洗消毒。（4）采用湿膜加湿的空调机组，其湿膜加湿器应定期检查，必要时清洗或更换。（5）空调房间的送回风口应经常清洗擦拭，确保无灰尘、清洁。

四、未来办公楼空调系统设计的改进建议

通过这次疫情发现，可能因为经济、节能和对空气品质重视度不够等原因，大部分现有空调系统空气过滤器都比较简陋，最多设置初、中效空气过滤器，且很多因维护保养不够造成损坏，根本无法阻止病菌和细小灰尘的传播。一些全空气系统服务区域大，服务多个房间，气流组织不好，容易引起病毒传播。由于以上原因，造成疫情期间空调系统不能正常使用，严重影响人民群众的正常生活、工作。为此对今后办公楼空调、通风系统设计提供一些改进意见和建议，供大家参考。

为疫情期间能正常工作、学习和生活，未来办公楼的空调、通风系

统应能满足平时环境舒适和防控疫情时安全可靠使用的要求。今后的空调通风系统设计应考虑如下问题。

全空气空调系统，宜选择组合式空气处理机组，空调机组应采用初效、中效过滤器，预留高效过滤器的安装空间，空调风机压头应按平时及疫情时的不同工况进行水力计算确定。疫情期间再安装高效过滤器，关闭回风阀（严密不漏风），可全新风运行，防止交叉污染。空调水系统宜按全新风工况设计空调水管，确保疫情期间全空气空调系统全新风运行时，空调送风温度符合设计要求，办公环境舒适健康。

全空气空调系统应采用上送或上侧送、下回的气流组织形式，防止病毒在空间中扩散。

全空气空调系统宜按空间划分，空调系统尽量小，尽量不跨越多个房间。采用全空气空调系统的区域应设排风系统，排风量应能满足空调系统全新风运行时的风量平衡要求，有利于疫情期间空调系统正常运行使用。

风机盘管机组或多联机室内机回风口应采用初、中效过滤器，独立新风系统应尽量采用组合式全新风空调机组，新风空调机组采用初效、中效过滤，预留高效过滤器安装空间，疫情期间再安装高效过滤器，新风空调风机压头应按平时及疫情时的不同工况进行水力计算确定。如果采用新风、排风新风换气机做新风机组，应选用无交又污染风险的新风机或选择可以独立送、排风的新风换气机。

所有空气处理机组、新风处理机组、排风机等应设置在机房内，便于检查维护，减少交叉污染。

各房间的空调冷凝水需要严格集中收集，疫情期间经过集中消毒后才可排放到室外。

设计时应确保新风采集口与排风出口有一定的安全距离，消除新风、排风短路的可能性，保证新风清洁安全。建议排风出口与新风进口水平距离不小于 20 m，当水平距离不足 20 m 时，排风口应高出进风口，并不小于 6 m。

办公区域辅助的卫生间、污物间等应设排风系统，排风量应按风量平衡要求计算，并不小于 12 次/h 的换气次数。

有条件时办公楼各功能房间宜设计安装空气净化器，如资金条件限制时可预留空气净化器的安装位置及电源，便于疫情来临时安装，确保空气质量符合办公室使用要求。

14

方舱医院给水排水设计与思考

袁 俊 张咏秋 刘 俊

方舱医院给水排水设计与思考

Water Supply and Drainage Design and Thinking
of Mobile Cabin Hospital

袁 俊 张咏秋 刘 俊

袁 俊
东南大学建筑设计研究院有限公司
工程师
张咏秋
东南大学建筑设计研究院有限公司
建筑设计四院总工程师
高级工程师
刘 俊
东南大学建筑设计研究院有限公司
专业总工程师
研究员级高级工程师

方舱医院是以医疗方舱为载体，医疗与医技保障功能综合集成的可快速部署的医疗平台。方舱医院一般由医疗功能单元、病房单元、技术保障单元等部分组成，是一种模块化卫生装备。2020年年初暴发的新型冠状病毒肺炎，严重影响了公众生活与工作秩序，危及人民群众身心健康。为了应对新型冠状病毒感染的肺炎疫情，落实控制传染源、切断传播途径、隔离易感人群的要求，笔者有幸参与了将当地体育馆建筑改造为方舱医院的设计工作。方舱医院主要收治病情较轻和逐步转危为安的病人。此次新型冠状病毒具有极高的传染性，因此给排水专业在设计过程中须严格区分清洁区、半污染区及污染区的给水与排水方式，杜绝交叉感染。

一、设计原则

体育馆建筑改造为方舱医院不同于常规的工程项目，给排水设计侧重于经济、适用、安全、高效以及后期功能恢复的便利性。设计中充分利用既有建筑的卫生设施及给排水系统作为清洁区，而增设的卫生设施及给排水系统为半污染区、污染区。由于是改造项目，在设计过程中应与建筑专业紧密配合，尽量不在室内增设给排水卫生设备及用具，若无法避免则应尽可能设置在外墙或抬高卫生设备，便于管道的接出。增加的设备及系统在满足功能要求的前提下应尽可能实现工业化、装配式、模块化，成品优先，以利于采购、施工，便于后期拆除、恢复。

二、给水系统

1. 水源及供水系统

三区的供水示意如图 1 所示。清洁区利用原有给水设施，不做调整。

图 1 三区供水示意图

污染区的给水回流污染风险高，采用断流水箱增压泵的给水方式，主要为污染区内病患的卫生—洗浴模块、病床区的饮水设备及消防软管卷盘供水。水箱设置紫外线消毒器。

半污染区根据给水回流污染风险判定给水方式。高风险区由断流水箱供水；低风险区由市政管网直接供水，并在引入管段设置减压型倒流防止器。半污染区主要为医护的卫生通过模块和病患出口模块供水。给水流程如图 2 所示。

参考《传染病医院建筑设计规范》（GB 50849—2014），综合用水定额按 100 L/（人 ×d）计。断流水箱及增压泵可采用箱泵一体成套设备，采购迅速施工方便。水箱设置于室外清洁区，尽量靠近新增用水量较大的病患卫生—洗浴模块，减少新增给水管道的用量。

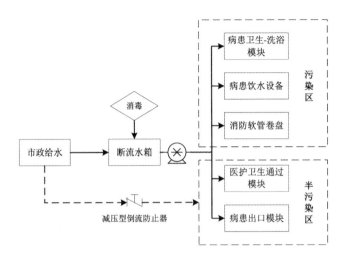

图 2 给水流程示意图

2. 热水系统

新增的生活热水系统主要为病患的洗浴用水。在夏热冬暖、夏热冬冷地区采用水箱加空气源热泵集中供热系统，流程如图 3 所示。

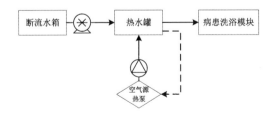

图 3 热水流程示意图

基于病患的实际洗浴需求，参考《传染病医院建筑设计规范》GB 50849—2014，综合热水用水定额按 40 L/（人 ×d）计，病患洗浴频率按三日一次计。热水机房可与生活泵房共建于室外清洁区。

对于没有条件设置集中热水供应系统的改造工程，可在病患洗浴区内设置带有水温调节功能的单元式电热水器，配套的淋浴器设置恒温阀，便于患者使用，同时减少设备维护维修带来的交叉感染风险。医护卫生通过模块中的淋浴、台盆的热水供应，考虑设置带有水温调节功能的单元式电热水器、小厨宝等设备，满足医护的热水需求。

3. 饮用水系统

病房区新增饮用水供应系统，如图 4 所示。

图 4　饮用水供水示意图

在每个病房区设置电开水炉和直饮水机以满足患者的不同饮用水需求。开水炉及直饮水机都为市场成熟的供水设备，以某品牌直饮水机为例，一台供应 20~50 人的直饮水机滤芯更换周期约 12 个月。以传染病的流行周期来说，基本可以避免方舱医院使用周期内的滤芯更换问题，降低更换设备导致的交叉感染风险。开水炉和直饮水机可设置于污染区外侧靠墙体处，方便上下水管道安装。

病房区不建议用桶装饮用水。据研究[1]，新冠病毒在空气气溶胶中存活最多 3 h，中位半衰期为 2.7 h，在纸质材料表面可存活 24 h，在铜表面存活最长 4 h，在塑料和不锈钢表面则存活 2~3 d。桶装水和饮水机的材质都是塑料和不锈钢，且桶装水从生产到上门，要经过灌装、出厂、运输、配送等多个环节，加大了病毒交叉感染的概率。由体育馆改建的方舱医院是利用内场大空间作为扩大的病房区，在这个大空间里不可能做到有效的隔离和消毒。桶装水还有一个比较大的问题：水杯接水的过程中会有大量的空气同步进入桶装水中，进一步增强交叉感染的概率。如果改造工程条件受限，建议桶装水仅提供开水，方舱医院运行周期内使用后的空桶应集中收置消毒。

三、排水系统

1. 排水体制

病患区必须新建集中卫浴设施，医护人员换班撤离时也需要设置专门的通道更衣。方舱医院改造项目雨污分流排放，排水系统如图 5 所示。

图 5 排水系统示意图

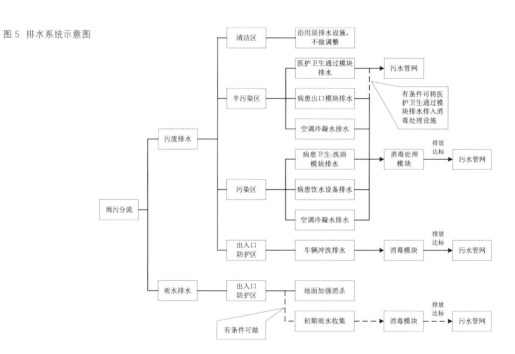

2. 生活污废排水

清洁区：利用体育馆一层辅助设施作医护人员休息和医技区，沿用原有排水设施，不做调整。

半污染区：新增的医护卫生通过模块，考虑其卫生设施是医护人员脱去隔离衣、防护服等多层防护设备以后使用，在和传染病医院专家沟通时，专家认为医生通过模块中医护人员洗手、淋浴的染毒可能性较小，在方舱医院这一特殊设施中，医护卫生通过模块的排水可直接排放至原有污水管网。这样在极低污染的情况下，既节约了成本，又能高效完成改造。当然在有条件的情况下，医护卫生通过模块的排水可单独排放至污水消毒处理设施进行处理。

污染区：新增的集中卫生—洗浴模块，可利用集装箱模块快速建造，而该区域的污水必须经过污水处理后排放。新增的污水排水管道采用无检查井的管道连接方式，并设置通气管及清扫口。通气管设置间距不大于 50 m，通气管口四周通风良好，其端部设置高效过滤器及紫外线消毒灯。污染区的其他污水（如饮用水处的排水）也需要收集经消毒处理后排放。

3. 空调冷凝水排水

清洁区暖通专业采用的是全新风系统，由于冷凝水不接触有污染的空气，故不需要消毒处理，使用原有建筑空调冷凝水排水管道排放。

半污染区、污染区暖通专业采用多联机或分体空调系统时，其冷凝水需要分区单独收集，通过间接排水方式排入污水消毒处理设施。

4. 雨水排放及处理

病患入口处为污染区，在有条件的情况下，可对防护区内雨水进行单独收集后排至蓄水罐，经消毒处理后排入污水管网。雨水收集重现期按三年考虑。雨水收集处理流程如图 6 所示。

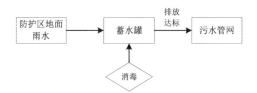

图 6 雨水收集处理流程示意图

地面雨水收集相对比较困难，造成污染的地方主要在病患入口的位置，而建筑在此处往往有较大的雨棚，在这种情况下加强地面防护与消毒作业即可。防护区场地内满铺防水渗透膜，阻止雨水入渗，场地四周建挡水坎，防止雨水汇入，雨水口及检查井采用防渗性能好的塑料检查井，管道采用 HDPE 管材。

出入口防护区新增车辆冲洗消毒设施，冲洗废水单独收集经消毒处理后排入原有污水管网。

四、污水处理

据研究[2]，新型冠状病毒对紫外线和热敏感，56℃加热 30 min、乙醚、75% 乙醇、含氯消毒剂、过氧乙酸和氯仿等脂溶剂均可有效灭活病毒。故强化消毒处理仍然是污水处理的首要环节。污水处理流程如图 7 所示。

图 7 污水处理流程示意图

预消毒池的消毒时间不小于 0.5 h，消毒池消毒时间不小于 2 h，化粪池的停留时间不小于 36 h，调节池停留时间不小于 4 h。从预消毒到消毒工艺全流程水力停留时间不小于 48 h[3]。消毒处理后达到《新型冠状病毒肺炎应急救治设施设计导则（试行）》中相关要求后排至原有污水管网。

污水处理采用成套化设备，反应罐体密闭，处理工艺中产生的尾气进行紫外线消毒。设备设置于室外绿化草坪区域，方便开挖和后期拆除恢复。卫生—洗浴模块及配套的污水消毒处理设施的安装周期约 7 d，满足施工短、平、快的要求。

对于床位数较小的方舱医院，由于排水量较小，水处理设备还可采用设备租用及服务购买的方式，如选择车载成套污水处理设备。

五、消防给水系统

在尽可能不改动原有平面布局的前提下，清洁区、半污染区的原有消防设施正常使用。污染区内的体育馆大空间被分隔成若干病房区域，在病员组团外侧增设消防软管卷盘。管道的设置尽可能沿隔墙敷设，尽量不影响人员通行。接消防软管卷盘的给水管应设置倒流防止器。

依据《建筑灭火器配置设计规范》（GB 50140—2005）规定，按照严重危险级设置建筑灭火器。改造工程中若设置 CT 室，则 CT 室设置七氟丙烷预制气体灭火装置。

六、建设、运行、维护

由于今年的疫情来势凶猛，各种物质和设备都出现严重缺口。基于方舱医院应急性建设的特点，建设方宜提前做好储备性应急设计，并结合当地情况就应急项目建设程序、经费投入、部门协同、建设队伍、建筑材料及设施设备采购和储备等相关内容做好建设预案，对装配式工业化成品模块单元进行先期的技术研发并储备相应备件和产能。

生活供水设施按照设计要求运行，恒压变频供水应保证用水末端使用压力和流量。生活供热设施按照设计要求运行，定时供热应提前加热热水。生活饮用水应能保证 24 h 有开水供应。卫生洁具排水流畅，水封高度保持不被破坏。污水应急处理中，加强污水处理站废弃、污泥排放的控制和管理，防止病原体在不同介质中转移。核查出水余氯含量，保证污水达标后排放。

生活供水设施每日巡查三次，记录给水压力、给水流量、累计给水量、水箱余氯含量、浊度、PH 值等。生活供水管网每日巡查一次，查看供水管道是否有渗漏、损坏、变形等现象。卫生间等用水设施每日巡查一次，查看卫生器具水嘴是否有漏水现象，非手动开关是否动作灵敏，排水是否流畅，水封高度是否不被破坏。生活饮用水每日巡查三次，查看供水温度及加热情况。生活供热设施每日巡查一次，记录热水压力、热水流量、累计热水量、热水温度等。排水系统通气管消毒装置每日巡查一次，查看紫外灯工作是否正常。污水处理设施每日巡查三次，查看出水的余氯含量。如上述检查与设计、各类规范标准要求不一致时，应立即停止使用，进行维修保证正常。

七、结论

从对体育馆应急改造为方舱医院的设计工作来看，对于没有传染病医院的县级城市，在应对类似新冠肺炎等突发性公共卫生事件的特定状况下，尤其是传染病防控重大需求下的应急改造运用，选择适宜的体育馆建筑应急改造为方舱医院，成为切实可行的应急收治隔离方法。集中隔离、收治轻症患者，对控制传染源和医治病患是一种有效的应急手段。充分利用原有建筑的给排水设施，在室外新增满足病患使用的临时模块化成品卫浴设施和配套的供水设备、污水消毒处理设备，在技术上和实际操作上具有可行性。

根据不同项目的实际情况，给排水设计中应因地制宜，在发挥功能性的同时，还须具有应急性、适用性的特点。由于卫生、防疫等相关要求，医护卫生通过模块、病患卫生—洗浴模块、防护区出入口的位置相对分散，半污染区、污染区的空调机位布置相对分散，消毒处理设备需要埋地敷设等原因，给排水工程中仍存在一定的新增管线量，需要对部分道路、场地开挖，对于施工及后期恢复存在不少工程量。同时，部分消毒设施和配件的选用与采购、防护区地面雨水的处理等问题，都需要在日后的项目中不断研究和优化。

参考文献

[1]Van Doremalen N，Bushmorris D H, et al . Aerosol and surface stability of HCoV-19 (SARS-CoV-2) compared to SARS-CoV-1[J]. MedRxiv, 2020.

[2] 中华人民共和国国家卫生健康委员会．新型冠状病毒肺炎诊疗方案（试行第七版）[R]. 北京：中华人民共和国国家卫生健康委员会，2020.

[3] 中华人民共和国国家卫生健康委员会．新型冠状病毒肺炎应急救治设施设计导则（试行）[R]. 北京：中华人民共和国国家卫生健康委员会，2020.

15

新冠疫情下排水系统的对策与反思

刘 俊

新冠疫情下排水系统的对策与反思

Countermeasures and Reflections for the Drainage System under the New Epidemic Situation

刘 俊

东南大学建筑设计研究院有限公司
专业总工程师
研究员级高级工程师

一、马桶的进化

第一个现代意义的马桶是英国贵族约翰·哈灵顿（John Harrington）发明的，他于1597年设计出了使用水冲的马桶，并将这种新发明安装在了伊丽莎白女王的宫廷里。1775年，英国的钟表师卡明斯（Carmins）对哈灵顿马桶的储水器进行了改进，使储水器里的水每次用完后，能自动关住阀门，还能让水自动灌满水箱。三年后，伦敦工匠布拉默（Brammer）把储水器改设在马桶上方，并在上面安装了一个把手，用来控制储水器的出水活门，还在便池上装了盖。18世纪后期，英国发明家约瑟夫·布拉梅（Joseph Brammer）又改进了抽水马桶的设计，发明了防止污水管逸出臭味的U形弯管等。1883年，托马斯·图里费德（Thomas Touryfield）让陶瓷质地的马桶实现了市场化，成为使用最广的卫生用具。

抽水马桶虽然改善了个人卫生，但由于排泄物是顺着管道直接排到河流里，就导致了严重的环境污染，从而造成了传染病的流行。直到1858夏天，伦敦泰晤士河暴发了著名的"大恶臭事件"，人们才开始进行下水道系统的建造。19世纪后期，欧洲各大城市都安装了自来水管道和排污系统，抽水马桶才真正普及起来。

在近几十年抽水马桶更是不断地推陈出新。随着高新科技的应用，现代马桶开始被赋予更多的附加功能。据报道，日本近期推出了"智能马桶"，使用者可以边上厕所边做健康检查，除了量血压以外，马桶的高科技配件还可以做尿液分析；只要一坐到上面，轻柔的音乐就会飘出来；该型马桶还能散发四种不同的香气，有净化盥洗室的作用。

马桶的发明可以算得上是人类生活文明中的经典之作，同时也推动公共卫生系统和技术的发展。从人类文明活动历史发展的角度来看，每次灾难都推动了人类对文明活动的反思，伦敦＂大恶臭事件＂也推动了给水排水系统的进步。

二、非典期间淘大花园事件

2003 年香港发生的"淘大花园事件"中 SARS 病毒在淘大花园像着魔似地迅速蔓延，从 3 月 22 日到 4 月 15 日，共有 321 户住户感染，造成 42 人死亡。

2003 年 4 月 17 日，香港特区政府公布了调查报告，真凶是淘大花园 E 座卫生间地漏下面的 U 形存水弯。病毒藏身在污水里，当 U 形存水弯在存有足够水量的时候，可以隔绝下水道的空气，防止臭气进入室内，但是大部分住户地漏的 U 形存水弯经常干涸。

一个月后世界卫生组织的调查报告做了详细说明。报告指出，U 形存水弯因干涸未能发挥隔离作用，当关上浴室门打开抽气扇时，病毒不仅可以从污水管进入浴室，还可能将从污水管抽出的病毒带到天井，使污染的空气通过窗口进入相隔数层的住户。SARS 向下靠地漏、向上靠天井快速扩散，这就是淘大花园传播的真相（图 1）。

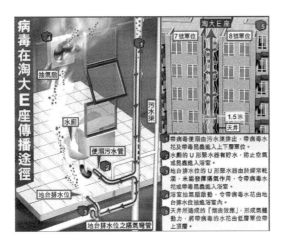

图 1 淘大花园 SARS 传播途径示意图

三、新冠疫情下排水系统的对策

1. 新冠病毒的传播

有人把病毒算作生命体，也有人认为不算。病毒是一种介于生物体和非生物体之间的存在。在细胞外，它最多只能算一种粒子，而一旦接触到细胞，进入生命体，它会迅速复制，蓬勃地发展起来。新冠病毒是一种"狡猾"的病毒，懂得如何为自己争取利益。开始它并不暴露行踪，潜伏在宿主里不动声色地增殖（患者早期体温不高或正常），让宿主掉以轻心，这样病毒就尽可能传播到更多的人群中去，当到达了一定程度，才转而露出狰狞的面孔。新冠病毒诡异的传播途径也超出了专家的预想，最初它被认为是呼吸道传播，但是现实显然超出了这个范围，它出现在唾液里、血液里、肺部灌洗液里、粪便里、尿液里，甚至可能通过结膜引发感染。

2020 年 2 月 10 日，广州医科大学呼吸疾病国家重点实验室、广州海关技术中心生物安全三级实验室及中山大学附属第五医院合作，从新型冠状病毒肺炎患者的粪便拭子标本中分离到一株新型冠状病毒（COVID-19）。该样本是由珠海中山大学附属第五医院提供的粪便拭子标本，实验室通过多种细胞系接种样本并传代，最终从 Vero E6 细胞中成功分离出 COVID-19 毒株。2020 年 2 月 13 日国家卫生健康委员会新闻发言人表示，发热、乏力、干咳仍然是最主要的临床表现，粪便中分离到病毒并不意味着该病毒主要传播途径发生变化，仍以呼吸道和接触传播为主，消化道的传播（包括粪口传播），在全部传播中的作用和意义仍须进一步观察和研究。

2. 新冠病毒在排水系统中的传播途径

钟南山、李兰娟院士团队的发现证实了排出的粪便确实存在活病毒，尽管目前还没有充分的证据证明存在粪口传播，但最近香港青衣长康邨康美楼同一建筑出现 2 名新冠病毒患者，这种情况可能与该楼下水道的污染相关。所以提醒人们更要加重视个人和家庭的清洁。如便后清洗手，注意下水道的通畅，以避免有可能出现的病毒传播。

"呼吸道传播"指病原体经患者的唾液、喷嚏飞沫或痰在空气中传播，健康者呼吸到被污染的空气，继而引起感染，在公用设备专业防护设计中，这是通风专业需要解决的问题。接触传播形式以健康者与患者的行为接触而传播，在公用卫生专业防护设计中，要求个人注意公共卫生。"粪口传播"指病原体经粪便排出体外，并散播到环境当中，污染食物、衣物、水源等，当健康者接触到这些被污染的物质，病毒通过手、口，进入消化道而引起感染（图 2）。在公用设备专业防护设计中，粪便污水安全排放是给排水专业需解决的问题。以住宅为例，为保障人们日常生活的需要，住宅内设有供水龙头、电热水器、洗衣机、洗涤盆、坐便器、洗脸盆、浴盆、淋浴房等设施，为了地面排水设置地漏，同时采用管道把住宅的污废水排入住宅内公共排水管，再排入小区下水道进入市政污水管网。

这是基于室内排水系统正常工作时的"粪口传播"通常途径，由于室内排水系统设计、施工、使用和运维等存在一些问题，"粪口传播"还会出现其他途径。如排水设施没有水封或水封受到破坏，在卫生

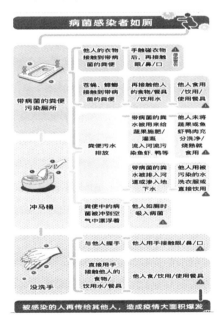

图 2 "粪口传播"通常途径

器具排水过程中，由于水流速度快，在排水管管道内产生气溶胶，带有病毒的排泄物气溶胶可能通过住宅内排水管进入室内空间，发生病毒传播。因此，室内排水系统是可能传播新冠病毒的第一途径。

北京大学第一医院主任医师王贵强表示，《新型冠状病毒感染的肺炎诊疗方案（试行第六版）》在传播途径里明确，相对封闭的条件下，高浓度的气溶胶持续暴露有可能存在气溶胶传播风险，但这是有限定条件的，不是在一般情况下都可以传播的。因此，在卫生间特别是暗卫生间里，由于排水系统水封出现了故障，含病毒的气溶胶会进入室内空间，在不及时排风情况下，健康者就有感染新冠病毒的可能，尤其是在健康者居家自我隔离期间。

3. 新冠疫情下排水系统的对策

水封，也称为存水弯，通过管道折个弯，排水过程中积存一定量水，来隔绝室内空间和排水管管道内的气流通道，保证室内卫生安全。为保证水封的作用，水封高度不小于 50 mm。但日常生活中，种种原因造成水封高度小于 50 mm 甚至没有，水封遭到破坏，发挥不了作用，不能保证室内卫生安全。下文以住宅为例，针对现有的排水系统，在卫生洁具使用、维护两个方面，讨论新冠疫情下排水系统的对策。

1）洁具使用

正确使用卫生洁具应注意如下几点：

（1）使用洗脸盆洗手时宜采用流水方式。研究表明，20 s 以上的流水清洗才能真正达到清洁双手的效果，特殊情况下，建议使用消毒剂进行手卫生清洁。排水栓采用按钮式或翻板式，操作完后应流水洗手。（2）坐便器如厕使用卷纸，使用后应丢进坐便器，盖上坐便器盖，按冲洗按钮冲掉。（3）浴盆使用前，应清洗浴盆。

2）洁具维护

卫生洁具维护是保证其正常发挥功能的前提。卫生洁具运维应注意如下几点：（1）打扫卫生间，切记不要把脏污物，特别是头发，丢进坐便器，防止坐便器水封因头发毛细作用而被破坏。（2）定期清洗坐便器，保持干净卫生。（3）定期清洗洗脸盆、浴盆，保持干净卫生，特别是清理排水栓处截留的毛发，防止洗脸盆水封因头发毛细作用而被破坏。（4）淋浴房定期清洗排水地漏，保持干净卫生，特别是清理滤网处截留的毛发，防止水封因头发毛细作用而被破坏。有条件的，在地漏盖板下增加滤网，提高截留毛发的效率。（5）地面地漏应做到：定期清洗地面地漏，保持干净卫生，特别是清理滤网处截留的毛发，防止水封因头发毛细作用而被破坏；水封高度每周平均损耗 2.5 mm，特别是冬季采暖房间湿度低，水封损耗大，长时间地漏水封会破坏，应每天人工补水或密封地漏口，防止臭气进入室内。（6）如果卫生间不通风时有特殊味道或臭味，特别是地漏处，说明水封已破坏；也可以点支烟靠近地漏处，卫生间排水时，烟能吸入或吹走，说明水封已破坏。应及时给卫生器具和地漏补水，同时排风通气。（7）如果卫生间卫生器具如坐便器有反冒气或反冒水的现象，说明排水管道有堵塞的征兆，应停止进入卫生间并进行排风，同时及时通知物业进行管道疏通，检查室外污水检查井，故障排除后，应及时对卫生器具和地漏补水，同时排风通气。（8）卫生间长时间不用，应用排水栓盖盖住卫生洁具排水口，地漏应用专用封盖配件密封。卫生间再次使用前存水弯应补水，卫生间应通风。（9）物业和用户应检查使用年代已久的室内排水系统包括通气管，如出现漏水漏气的现象应及时维修。

四、新冠疫情下排水系统的反思

从飞沫传播到接触传播，再到可能存在的粪口传播，以及短暂接触后的传播案例，都证明传染的速度和概率可能远超大众想象，病毒可能与我们长期共存。中国工程院副院长王辰表示，新冠病毒有可能转成慢性的，像流感一样长期与人类共存。这种可能性是完全存在的，对此我们要做好准备。

香港青衣长康邨1991年建成的35层康美楼，在2020年1月31日A07单元1307楼层出现一名75岁男性患者，同年1月31日A07单元307楼层出现一名62岁女性患者。根据香港卫生署卫生防护中心对该单元做了流行病学调查和现场踏勘，初步判定307楼层住户在改造坐便器时，切断坐便器排水通气管，由于切断口的密封材料不太稳固，排水系统排水时系统下端处于正压，病毒气溶胶有可能通过松脱的位置渗入室内而造成感染。

基于新冠病毒可能长期存在以及新冠病毒可能在排水系统中传播，笔者从以下几个方面讨论新冠疫情下排水系统设计的内涵和外延。

1. 排水系统设计与施工（以住宅为例）

1）设计要点

（1）建筑功能上：卫生间宜干湿分区，控制可能污染的区域。

（2）室内排水体制上：污水与废水宜分流且通气管不应共用。

从目前的检验结果来看，患者的尿便存在一定量新冠病毒。研究报告显示病毒在洗漱废水中存活时间短，而且自来水中也有余氯量，保持一定的消杀能力；病毒在粪便污水中存活时间长。从单独污水管道系统设计来看，基本是一个密闭系统，马桶的水封不易破坏，含病毒的气溶胶不易进入室内空间。从单独废水管道系统设计来看，洗脸盆的水封不易破坏，地面地漏水封是个薄弱环节，由于各种原因极易破坏。通气管不应共用，污废分流设置（4管制）隔绝气溶胶传播通道，以提高室内空气的安全度。

（3）卫生器具选型：①坐便器选用虹吸式。相比冲落式，虹吸式坐便器的水封保持效果、防溅效果、隔臭效果要好，且虹吸式坐便器如厕冲洗时产生气溶胶少。②洗脸盆宜选用瓶式专用存水弯，宜采用提拉式排水栓。③浴盆一般不自带存水弯，宜采用金属配件。④淋浴房排水地漏大小应根据淋蓬头用水量确定，一般不小于

DN50，流量大的淋蓬头可采用 DN75，防止淹没排水。⑤地面地漏宜采用多通道地漏，利用洗脸盆排水进行补水，或采用有补水方式地漏、防干涸地漏。

欧美国家卫生间一般不设地漏，给水角阀和卫生洁具水嘴采用铜管硬密封连接，不会出现泄漏。在我国给水角阀和卫生洁具水嘴采用不锈钢波纹管或塑料软管橡胶垫圈软连接，存在泄漏的风险，尤其是热水管道。地面清洁采用地面冲洗方式，故相关标准规定卫生间应设地漏。

（4）系统设计。①住宅卫生间宜采用特殊单立管排水系统。基于污废分流且通气管不共用原则，特殊单立管排水系统减少排水管道占用面积，且能满足排水流量，有效地解决了排水系统排水管内的气压波动，保护了水封，避免了通气管因故障进入污水而堵塞。从防疫方面，不设通气管减少气溶胶泄漏的途径。②住宅卫生间采用双立管排水系统时宜采用结合通气管或防反流 H 管，保证通气管的通气能力。③住宅卫生间采用双立管排水系统时在其下部宜设置环形通气管。通气管或防反流 H 管与排水管连接处受到排水水膜流的遮挡，在排水系统下部排水管内的气压为正压不宜消除，气溶胶易冲破水封，进入室内空间，因此在此位置设置环形通气管可以保护水封。

2）施工要点

（1）坐便器。①坐便器冲洗水箱内进水软管应插入坐便器排水阀的溢流管，补充存水弯的水量，保证水封高度。②坐便器安装时插入排水管时应安装专用密封件，有的使用玻璃胶密封剂密封，有的在底座和地面之间用玻璃胶密封剂密封。玻璃胶密封剂的使用寿命一般为 5 年左右，此密封失效后气溶胶有可能会泄漏。

（2）洗脸盆。①宜采用专用存水弯配件，若采用金属波纹排水管制作存水弯，水封高度不小于 50 mm，由于材料强度不够，不应采用塑料波纹排水管制作存水弯。②存水弯排水管插入排水管口处，应采用专用封堵配件密封，如没有，可采用自粘式防水胶布密封，防止臭气进入室内。

（3）浴盆。浴盆常规不自带存水弯，浴盆排水管插入排水系统存水弯处，应采用专用封堵配件密封。

2. 评价排水系统安全性

根据《建筑与工业给水排水系统安全评价标准》（GB/T 51188—2016，以下简称《安全评价标准》）中要求，建筑与工业给水排水系统安全评价应对规划、可行性研究、设计、施工、竣工验收和运行管理阶段进行过程控制。

《安全评价标准》第 10.2.1 条第五款："有专用通气立管的 2 管制、污废分流合用专用通气立管的 3 管制和污废分流各自独立专用通气立管的 4 管制排水立管系统，其专用通气立管应与距离立管管底 1.5 m 处的出户横干管管顶相连接。"

《安全评价标准》第 10.2.9 条："排水管道、通气管道的管径应符合现行国家标准《建筑给水排水设计标准》（GB 50015—2019）的有关规定，合用伸顶通气管的管径和长度应根据计算确定。"

《安全评价标准》第 10.2.15 条第 4 款："地漏宜采用带过滤网的无水封直通型地漏加存水弯的形式，地漏的通水能力应满足地面排水的要求。"第 10.2.15 条第 5 款："地漏附近有洗手盆时，宜采用洗手盆的排水给地漏水封补水。"

《安全评价标准》第 10.4.10 条："排水系统安装完毕后应进行水封安全性检测，水封在超过 -400 Pa 和 +400 Pa 时被击穿应为合格。负压房间等特殊场所的水封所承受的压力应根据设计确定。"

以上条文在设计和竣工验收时并没有完全得到执行，说明排水系统安全性有待进一步完善。以住宅为例，《安全评价标准》第 3.1.8 条要求自审，通过自审评价得分小于 60 分，应进行相应整改，保证住宅给水排水系统安全评价为较安全，甚至安全。

3. 普及公共卫生知识

公众的公共卫生知识普及亟待加强。例如在卫生间坐便器旁设置废纸篓便于放置如厕后的手纸，这对卫生间环境而言是巨大的污染源，在欧美等发达国家的卫生间里废纸篓或垃圾桶只用来装卫生巾等物，如厕后的手纸应丢进坐便器冲掉。再如饭前便后要洗手，要流水洗手等卫生常识还应进一步深入人心。

江苏省住房和城乡建设厅科技发展中心编制的《建筑管理防疫指南》中的"室内排水防护篇"（东大院参编）将进一步指导人们做好卫生间日常维护，保证排水系统安全运行。

4. 进一步完善规范标准

规范标准指导排水系统设计施工运行和维护，但仍有需要进一步完善的地方。如应急医院或传染病医院的场地雨水是否需要处理，处理的工艺、处理的雨水量如何确定，有待进一步研究。再如排水系统通气管的设计和计算、通气管密封性的检测、室内卫生间和有害气体的检测、排水系统发生故障的报警等方面，在规范标准上须进一步明确。新型产品如泡沫冲厕系统也应在规范标准指导下广泛应用。

5. 在疫情解除后临时医疗救治场所排水系统的恢复

新冠疫情发生后，一些城市建设了方舱医院，尤其是湖北地区的方舱医院都经历了实战。新冠疫情解除后，这些方舱医院如何恢复原有建筑的功能？在江苏省《公共卫生事件下体育馆应急改造为临时医疗中心设计指南》中，其设计原则为"原有给排水系统用于清洁区，不进行改造。新增设备和系统用于污染区和半污染区，在满足临时医疗中心的使用需求同时，宜施工方便、快捷且便于后期拆除、恢复"。由这个设计原则可知，原有给排水系统按照竣工验收要求进行恢复，新增设备和系统用于污染区和半污染区，新冠疫情解除后，应拆除新增设备和系统，同时进行无害化处理，便于二次利用。

新冠疫情解除后排水系统无害化处理应按下面要求进行：
1）卫生盥洗、淋浴及厕所等移动设施消毒
卫生盥洗、淋浴及厕所等移动设施，按照《新型冠状病毒肺炎疫情防控集中医学观察场所消毒技术规范》（DB32/T 3758—2020）的有关要求进行消杀。

2）排水系统腾空、冲洗和消毒
卫生盥洗、淋浴及厕所等移动设施至室外排水管网的排水管，因管径小、配件多、重复利用的可能性较小，建议管道腾空冲洗消毒后作为医疗废弃物处理。接触消毒池、化粪池、室外排水管网在腾空后，冲洗满水后利用污水处理设施的消毒设备加入消毒剂，余氯量保持6 mg/L（以游离氯计），静置2 d，排空后拆除留用。

3）装配式或模块化设备无害化处理
排水系统接触消毒池、化粪池、消毒池和消毒设备等属于装配式或模块化设备。室外排水管网冲洗水量进入消毒池消毒后排放，余氯量保持6 mg/L（以游离氯计）。消毒池在腾空后，冲洗满水后利用污水处理设施的消毒设备加入消毒剂，余氯量保持6 mg/L（以游离氯计），静置2 d，排空后拆除留用。

6. 应对未来可能发生公共卫生事件

公共卫生事件是指突然发生，造成或者可能造成社会公众健康严重损害的重大传染病疫情、群体性不明原因疾病、重大食物和职业中毒以及其他严重影响公众健康的事件。未来可能发生公共卫生事件，从排水系统的角度来看，主要表现在传播途径、污废水排放这两个方面。其应对措施应从以下几个方面着手。

1）加强公共卫生间室内空气卫生监测

人员密集场所、特殊公共建筑如医院、养老院、幼儿园等公共卫生间的空气卫生应实时监测，时刻控制环境安全。

2）加强住宅卫生间空气卫生监测

人们居家时间占生活的大部分，住宅卫生间空气卫生属于薄弱环节，不仅有内生的污染源，而且有排水系统传播的途径。人们特别是体弱多病人群对此应足够重视。

3）加强卫生间排水系统水封监测

水封是排水系统防止传播病毒的重要环节，靠人们自觉维护安全度不高。不仅从设计上要有水封补水的措施，而且要有科技监测手段，确保水封正常。目前只是从水封的机械性能着手改进，尚未提高到科技创新高度。

4）重视排水系统的安全性

以往排水系统从功能上注重排水能力，同给水系统要保证"饮"和"用"的安全性不一样，排水即排出人体外，认为安全性要低一点，通过疫情应认识到排水系统的安全性依然重要。

5）加强排水水质的监测

智慧水务大部分从城镇供水角度出发，现在结合疫情也应考虑排水的水质情况，不仅关注"从源头到龙头"，还应关注"从龙头到源头"的水质变化，保障用水体系的安全。

6）制定公共卫生事件突发应对预案

江苏省住房和城乡建设厅紧急组织开展《公共卫生事件下体育馆应急改造为临时医疗中心设计指南》编制，就是为了指导各地加强对传染病突发公共卫生事件的应对预案。当然还应有其他应对预案，如排水区域污染且强力传播应对预案、场地化工污染水体应对预案、特殊试验泄漏污染排水系统应对预案等等。

7）制定突发公共卫生事件应对条例

突发公共卫生事件应对措施需要方方面面成本，尤其对现阶段而言。从公共卫生事件的定义出发，从实际需要出发，制定目前切实可行的突发公共卫生事件应对条例。从1988年上海"甲肝"，到2003年"非典"，到2020年"新冠肺炎"，每一次突发公共卫生事件都在提醒我们，我们的规划设计建设体系还存在局部安全隐患，须进一步完善，防患于未然。

图片来源

图 1　世界卫生组织调查报告。

图 2　《病菌与人类》第 10 期。

16

体育馆改造为临时医疗中心的智能化系统设计探讨

李 骥 臧 胜

体育馆改造为临时医疗中心的智能化系统设计探讨

Discussion of Intelligent System Design for Emergency
Transformation of Gymnasium into Temporary Medical
Center

李 骥 臧 胜

李 骥
东南大学建筑设计研究院有限公司
建筑智能化设计所总工程师
高级工程师
臧 胜
东南大学建筑设计研究院有限公司
专业总工程师
研究员级高级工程师

利用已建的体育馆、展览中心等大空间场所，改造为应急临时医疗中心，可以解决医疗设施紧缺问题，实现集中管理与处置，提高安全保障，确保社会稳定。这种方案在 2020 年新型冠状病毒肺炎疫情中得到了充分实践，也起到了重要作用。为了更加科学和有效地实现应急、改造与建设应对突发性公共卫生事件的临时医疗中心，江苏省住房和城乡建设厅组织编制了《公共卫生事件下体育馆应急改造为临时医疗中心设计指南》。在体育馆应急改造为临时医疗中心的项目中，智能化系统的设计应符合感染防控及医疗救治的要求，应配置信息网络系统、电话交换系统、综合布线系统、安全防范系统、公共广播系统、护理呼应信号系统，宜配置远程会诊（会议）系统、信息导引与发布系统、无线对讲系统、探视系统、视频监护系统、有线电视系统、建筑设备监控系统。

智能化系统的组成和配置标准应综合改造资金和建设工期的要求，区分轻重缓急地进行合理取舍。

一、智能化系统设计原则

智能化系统设计原则上应满足国家和地方颁布的现行有关设计规范与标准的规定。当受现状条件或工期限制而无法完全响应规范与标准的强制性条文和应执行标准要求时，应组织专家进行专项技术安全性、可靠性论证，确定合理的保障措施，并征得相关行政主管部门的许可。

智能化系统设计应充分利用体育馆现有的智能化系统、信息化机房及相关设施，同时应避免对现有的智能化系统产生不利影响，为应急改造和事后恢复提供便利，节约投资。改造工程的智能化信息传输宜采用有线与无线相结合的方式，优先采用无线方式，以减小实施难度、缩短建设周期。

二、智能化系统架构

从对江苏省部分县（区）近年建成的体育馆考察情况分析，绝大多数体育馆的智能化系统建设比较完善。在改造为应急临时医疗中心时，体育馆中已建的信息设施系统、安全管理系统、设备管理系统、信息化机房及桥架管路等资源都可以利用，同时需要增设临时的医疗业务信息化系统。体育馆改造成临时医疗中心的智能化系统利旧与新建分析及系统架构如图1所示。

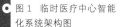
图1 临时医疗中心智能化系统架构图

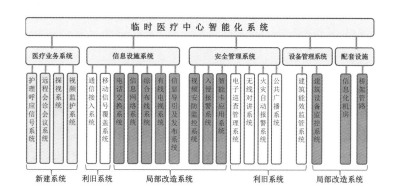

三、智能化系统设计

1. 信息网络系统

信息网络系统包括公共信息网络、设备专用信息网络和医务专用信息网络。三套网络宜物理隔离，当不具备物理隔离条件时可划分VLAN虚拟网实现逻辑隔离。公共信息网络系统和设备专用信息网络宜利用现有的网络资源进行改造，以节省投资，加快改造速度。在护理单元、治疗区、办公区和后勤区建设安全稳定的医务专用的有线／无线信息网络系统，是改造建设临时医疗中心智能化工程的核心，系统的建设为医疗和办公提供网络通信平台。在体育馆已建成的公共信息网络上增设AP设备，为患者提供无线上网服务，比赛场地改建的病区具有空间高大、用户密集的特点，可利用顶棚的网架或马道部署室外型高密度AP实现Wi-Fi有效覆盖。

2. 综合布线系统

综合布线系统应充分利用体育馆原有的综合管路和线槽进行布线，信息插座应按照《传染病医院建筑设计规范》（GB 50849—2014）的相关要求设置，并满足安全管理和运维管理的通信需要。优先建设重症护理单元、治疗区、办公区等重点部位的综合布线系统，当受改造投资和工期限制时，在轻症护理单元、康复观察单元和后勤辅助区域采用无线接入方式，临时医疗区域的信息传输应尽可能采用无线网络系统，减少布线的工程量。

3. 安全防范系统

临时医疗中心安全防范措施要结合人力防范、实体防范、电子防范等手段，构建综合管控体系，实现对人员、财产和防疫的安全保护，对患者的隔离管理，对感控流程的辅助监管等目标。电子防范系统主要包括视频监控、应急报警和出入口控制等技术措施，在体育馆已建的安全技术防范系统基础上进行扩展和调整。

在走廊、大厅、护士站、医生办公室、缓冲更衣室和病区等场所设置摄像机，在护士站设置可视化一键报警器，在医护及后勤入口处设置体温检测安检门。护士站、医生办公室和重症护理单元的摄像机应配置拾音器，对视/音频信号同步记录；缓冲更衣间的摄像机宜具备智能行为分析功能，对消毒和更衣操作流程的合规性自动判别和告警，确保医护人员自身的安全；安检门宜具备图像监控、体温检测、金属探测功能，对未戴口罩、体温超标等异常情况自动报警，加强清洁区的感染防控和安全防护能力。

配合医疗流线及感染防控的要求设置出入口控制系统，对污染区、半污染区与洁净区进行医疗流线管理。系统应采用非接触式识别方式，避免接触感染。当发生火灾或出入口控制装置电源故障时，出入口控制应处于开启状态。

4. 护理呼应信号系统

重症护理单元应设置护理呼应信号系统，实现紧急求助、患者呼叫、增援呼叫和输液报警等功能。系统宜采用无线或总线制通信方式，以节省投资，减少改造工程量。轻症护理单元和康复观察单元内的患者以药物治疗为主，生活自理能力较强，可不设置护理呼应信号系统。对于少数需要输液治疗的患者，可提供基于 4G 移动通信网络的无线式输液报警器，实现输液监测和呼叫报警功能。

5. 探视系统

尽管手机、平板电脑等个人移动终端已经普及，通过 QQ 或微信都可实现可视化交流，但考虑到患者中老人、幼童及没有携带个人移动终端的人员的需求，临时医疗中心宜配置探视系统，在家属、患者、医护人员、管理人员等之间建立可视化的交流渠道，并为医患人员提供情感支持，缓解焦虑情绪。探视系统宜支持本地探视终端、IE 浏览器、手机 APP 等多种访问方式，为不同年龄和文化层次的使用者提供人文关怀服务。

轻症护理单元和康复观察单元宜设置集中探视处，根据病区患者的人数适量配置有线式或无线式固定探视终端。重症护理单元宜配置无线式探视小车，便于行动受限的患者在病床处与家属互动。无线式探视小车仅限于在重症护理单元内共享使用，不得带入轻症护理单元和康复观察单元内使用，避免交叉感染。

6.远程会诊（会议）系统

远程会诊（会议）室应设置在医护办公区（清洁区）内，并配置会议发言、视频会议、远程会诊、摄像跟踪、音频扩声、视频显示等功能模块。远程会诊（会议）系统可访问医学影像系统信号，并通过互联网或专线与对口医院、远程会诊中心及卫生健康委员会联网，具备远程会诊、视频会议及应急响应功能。

7.视频监护系统

在重症护理单元内设置视频监护摄像机及拾音器，对重症患者的动态和护理过程实时监控和记录，医护人员在护士站即可对管辖区域实现高效的巡视管理，减少医患之间的接触。为了保护患者的隐私，视频监护系统监控平台宜专门设置，由医务部门独立管理。轻症护理单元和康复观察单元可利用体育馆现有的视频安防监控系统，兼顾安全防范与医务管理，授权护士站调用视频监控系统信息资源。

8.建筑设备监控系统

收治传染病患者的临时医疗中心，应根据通风系统气流组织和压差控制的要求，配套提供监测和控制系统。

宜利用体育馆现有的建筑设备监控系统进行改造，通过增设直接现场数字控制器（DDC）和传感器，实现对临时医疗中心设备的自动监控。建筑设备监控系统的基本要求包括实现送／排风机顺序启停、备用风机投切的自动逻辑控制功能，以及过滤器和环境压差在线监测、超限报警的功能，并确保隔离区域压力梯度的稳定，避免医患交叉感染。

在不设建筑设备监控系统的情况下，负压感染区的风机除了就地控制外，还应该接入负压区空气压力检测装置控制信号，实现一体化自动控制。空气压力检测装置应具有压力指示、高压报警等功能。

9. 机房工程

智能化系统应与医疗工艺协同设计，合理制定医疗流线，将体育馆现有的网络机房和安防控制室划分到清洁区内，并承载新增的信息网络系统和安防系统的主控设备。

护理呼应信号系统、远程会诊（会议）系统、探视系统、视频监护系统等医疗业务信息化系统与体育馆已建的信息化系统没有交集，在改造临时医疗中心时宜设置一个临时的信息化机房，承载医疗业务信息化系统的主控设备，避免临时医疗中心业务管理与体育馆业务管理交叉影响，也利于事后可逆恢复。

10. 病区模块单元设计示例

病区遵循标准化设计、模块化组合、工业化生产、装配化施工的原则，规划了重症护理单元、轻症护理单元和康复观察单元。智能化设计结合护理等级、改造投资和建设周期等情况，提供两种模块单元的配置方案。

配置方案（一）：适用于重症护理单元，该区域收治轻症转重症的患者，须加以医学监护和治疗，患者生活自理能力较差。该方案强化护理呼应、视频监护等医疗辅助终端的配置，建立健全患者与医护之间的沟通渠道，通过技术手段减少医患间的接触，降低医护人员的劳动强度。部署无线网络 AP 实现 Wi-Fi 全面覆盖，为移动医疗设备接入和患者上网提供通信平台。模块单元内智能化终端的配置如图 2 所示。

配置方案（二）：适用于轻症护理单元和康复观察单元，该区域的患者以药物治疗为主，辅以观察照护，生活自理能力较强。该方案以病区秩序管控和日常生活服务为主要目标，利用体育馆现有的摄像机实现安防监控，兼顾视频监护功能。部署无线网络 AP 实现 Wi-Fi 全面覆盖，为患者上网提供通信平台。在公共活动空间内配置有线电视，为患者提供疾控宣教和文化娱乐服务，营造舒缓的治疗氛围。模块单元内智能化终端的配置如图 3 所示。

1 模块化护理单元　　　5 监护摄像机（新建）
2 活动空间　　　　　　6 呼叫门口分机（新建）
3 安防摄像机（利旧）　7 呼叫床头分机（新建）
4 无线 AP（顶棚安装）　8 临时 PVC 线槽（架空敷设）

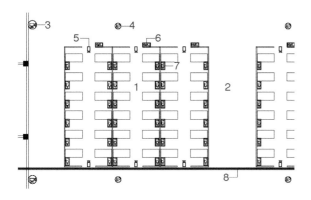

图 2　模块单元智能化终端布置图（一）

1 模块化护理单元　　　4 无线 AP（顶棚安装）
2 活动空间　　　　　　5 有线电视（新建）
3 安防摄像机（利旧）　6 临时 PVC 线槽（架空敷设）

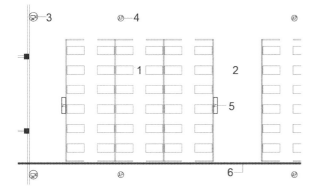

图 3　模块单元智能化终端布置图（二）

四、总结

利用体育馆应急改造为临时医疗中心，最主要的要求是快速、简便、安全可靠。相对于建筑机电专业，智能化系统工程的特点是涉及的子系统多，设备品种繁杂，与医疗业务关系紧密等。因此，智能化设计首先应组织专业设计小组进行合理分工，对体育馆已建智能化系统的架构、配置及运行状况等要素进行调研，对信息化市政接入系统进行现场踏勘，与医疗对口单位信息化管理人员充分沟通，了解医疗业务需求，共同制定应急改造预案，快速编制智能化施工作业图，确保设备采购、安装、调试工作紧密衔接，智能化系统的功能满足医疗业务需要，能够实现改造工程快速建成。

利用体育馆改造的临时医疗场所，具有空间高大、功能分区灵活、时效性强等特征，智能化系统应优先选用无线化、模块化且市场占有率高的产品。随着无线技术的发展，支持 ZigBee、Wi-Fi、4G/5G、NB-IoT 等无线通信协议的智能化产品逐渐丰富成熟，应用在应急改造项目中可以满足组网快捷、接入灵活、可逆恢复的现实需求。

17

体育馆改造为临时医疗中心的配电设计分析与思考

范大勇　臧　胜

体育馆改造为临时医疗中心的配电设计分析与思考

Analysis and Thinking on the Design of Power Distribution for Emergency Transformation of Gymnasium into Temporary Medical Center

范大勇　臧　胜

范大勇
东南大学建筑设计研究院有限公司
建筑设计一院主任工程师
高级工程师

臧　胜
东南大学建筑设计研究院有限公司
专业总工程师
研究员级高级工程师

在突然暴发传染病的公共卫生事件中，符合隔离救治传染病要求的医院收治规模难以满足对激增病患的救治需求，利用城市体育馆改造为临时医疗中心，不失为迅速对医疗资源进行扩容的可行方案。作者基于参与江苏省住房和城乡建设厅组织编制《公共卫生事件下体育馆应急改造为临时医疗中心设计指南》过程中的认识，针对其电气设计部分所涉及的变配电及应急供电系统、低压配电系统、照明系统和接地及安全等方面进行了分析和探讨。

一、变配电及应急供电系统

1. 现状分析

江苏地区电网建设较完善，近年来已建成并使用的多数县级体育馆为乙级体育建筑，其供电电源来自城市 10 kV 或 20 kV 供电电网。建筑物内建有用户变电所，变电所低压系统采用单母线分段方式运行，设置母联开关，体育馆用电负荷单位指标大多数为每平方米 40~70 W。参照综合医院用电指标，临时医疗中心用电负荷单位指标建议为每平方米 50~80 W，其使用面积一般为原建筑物面积的 1/2~2/3。因此，大部分体育馆现有变配电系统的变压器安装容量都能满足临时医疗中心用电需求。

2. 供配电系统改造原则

供配电系统改造应符合《医疗建筑电气设计规范》（JGJ 312—

2013）之规定及临时医疗中心防控和诊疗要求；应遵循安全可靠至上的原则，确保医疗设备运行稳定、消防安全和医患者用电安全；应充分认识临时医疗中心应急性、临时性特点，改造中优先采用装配式、模块化、成品等技术措施的配电与控制设备，尽可能就地取材；应充分利用现有的供配电系统和设备，尽量减少对现有供配电系统架构的改动，为后续快速恢复原体育馆使用功能提供便利，减少投资。

3. 供配电系统改造措施

乙级体育馆建筑是按照二级负荷供电，在体育馆改造为临时医疗中心时，应增设柴油发电机组作为应急电源。

当市电停电时，发电机组容量应能保障一、二级负荷用电需求。同时，对于恢复供电时间要求不大于 0.5 s 的设备应设置不间断电源装置（UPS），不间断电源装置（UPS）容量应满足持续供电时间不小于 15 min。为了快速建设和及时投运，柴油发电机组宜采用低压机组，优先选用室外防雨静音型箱式柴油发电机组或应急移动柴油发电车。当市电停电时，发电机组应在 15 s 内自动启动并供电，机组应自带日用油箱，并留有供油接口，连续供电时间不小于 24 h。建筑物内清洁区须设置专用临时低压配电间（以下简称"配电间"），其主要功能包括：（1）常用电源取自既有建筑物内的变电所低压侧，应急电源取自应急发电机组配电系统，常用与应急电源互投切换在配电间内完成；（2）配电间向医疗中心的大型设备、终端配电箱（控制箱）等配电，电气主接线示意图见图 1。

图 1 电气主接线示意图

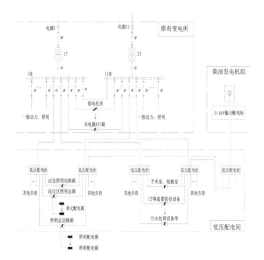

以上措施使临时医疗中心的配电系统自成体系，最大限度地保留了原有配电系统和配电设施，减少改动项目，有利于临时医疗中心使用结束后的可逆复原；同时也便于运行维护期间相关工作人员对系统的控制、操作、运行记录和管理。

二、低压配电系统的设计

临时医疗中心的低压配电系统设计以采用放射式供电方式为主，除三级负荷外，其余电力进线均采用双电源回路自动切换供电，自动切换装置宜优先选用 PC 级 ATS。具体实施如下：（1）照明、空调、大型诊疗设备，由不同的配电回路供电；（2）大型诊疗设备的辅助用电装置不与诊疗设备供电回路合用，但辅助用电装置供电负荷等级与主机设备相同；（3）负压隔离病房（区）机械通风设施、应急医疗设施、污水处理设备为一级负荷中的特别重要负荷，配电回路均应设专用双电源回路，在其配电线路的最末一级配电箱

239

处设置自动切换装置；（4）手术室、抢救室、重症监护室应设置 UPS 供电，采用医用 IT 系统；（5）隔离病房传递窗口、感应门、电动密闭阀等设施宜采用安全电压供电，若采用 220 V 供电时，其配电回路应设置剩余电流保护装置；（6）1 类和 2 类医疗场所，应根据可能产生的故障电流特性选择 A 型或 B 型剩余电流保护器；（7）临时医疗中心的配电箱（柜）、控制箱（柜）应设置在非污染区，宜设置在专用房间内；（8）一般场所供电设备防护等级不低于 IP30，潮湿场所不低于 IP55，室外场所不低于 IP65。

普通负荷的电线、电缆选用低烟无卤阻燃型铜芯线缆，消防负荷的电线、电缆选用低烟无卤阻燃耐火型铜芯线缆。线缆宜在槽盒内或穿线管内敷设，槽盒及穿线管应采用不燃型材料，线路穿越防火分区隔墙的缝隙及槽口、管口应采用不燃材料可靠封堵，线路穿越清洁区、污染区、半污染区、有压差区域等隔墙的缝隙及槽口、管口也应采用不燃材料可靠密封。对于改造区域内的原有暗敷且无法拆除的电气管路，同样须采用不燃材料进行可靠密封。

三、照明系统设计

体育馆为高大空间，原有照明系统设计主要满足运动员、裁判员及观众等各类人员的使用要求。其场地照明灯具主要采用光源金属卤化物灯，照度标准值高，显色指数（Ra）和统一眩光值（UGR）不适合医疗场所照明要求。为满足最短时间、最小成本和便于可逆复原应急改造需求，照明设计可在以下两种改造方案中选择。方案一，利用原有场馆照明和增设夜间值班照明方式，即原场馆照明作为医疗场所的普通照明，通过原照明控制装置关闭部分灯具，尽量使医疗场所区域照明亮度舒适和满足日常医务要求，仅在隔离单元和隔离区走廊墙壁上增设明装壁式灯具作为夜间值班照明，照明布置如图2所示。方案二，不利用原场馆照明，在隔离单元和隔离区走廊等上空布置符合医疗场所需求的照明灯具，灯具选用造价低，安装便捷的明装线槽灯具，照明布置如图3所示。两种方案各有利弊，须根据原场馆照明设计和实际使用情况及建设周期需求折中选择。

临时医疗中心的消防应急照明和疏散指示系统须重新设计，考虑应急特征，临时医疗中心的应急照明和疏散指示标志灯的备用电源连续供电时间不少于1 h，疏散通道上疏散照明的地面最低水平照度

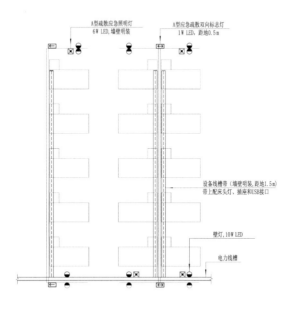

A型疏散应急照明灯
6W LED，墙壁明装

A型应急疏散双向标志灯
1W LED，距地0.5m

设备线槽带（墙壁明装，距地1.5m）
带上配床头灯、插座和USB接口

壁灯，10W LED

电力线槽

图 2　仅设夜间值班照明

图 3 线槽灯照明方式

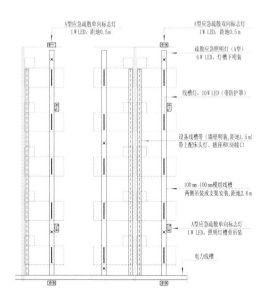

A型应急疏散单向标志灯
1W LED, 距地0.5 m

A型应急疏散双向标志灯
1W LED, 距地0.5 m

疏散应急照明(A型)
6W LED, 灯槽下明装

线槽灯, 10W LED (带防护罩)

设备线槽带(墙壁明装, 距地1.5 m)
带上配床头灯、插座和USB接口

100 mm×100 mm模组线槽
两侧吊装或支架安装, 距地2.6 m

A型应急疏散单向标志灯
1W LED, 照明灯槽旁吊装

电力线槽

不低于 10 lx。消防应急疏散照明系统须参照《消防应急照明和疏散指示系统技术标准》（GB 51309—2018）的要求设计。

四、接地与安全

临时医疗中心的保护接地、功能性接地和屏蔽接地等采用共用接地装置，可利用体育馆已建的共用接地装置。改造时须实测建筑物原有共用接地系统接地连接情况，确定其满足应急改造临时医疗中心的接地与安全要求。新增应急低压进线电源在入户处实施重复接地，重症监护病房、手术室、抢救室、治疗室、淋浴间或有洗浴功能的卫生间等场所，应采取辅助局部等电位联结，辅助局部等电位联结装置采用墙壁明装方式。

五、结语

体育馆应急改造为临时医疗中心项目，改造前须对原建筑物的供电电源、负荷等级和变压器装机容量进行调研，优先采用体育馆原有的变配电系统作为医疗中心的工作电源。如体育馆的变压器容量不能满足临时医疗中心用电要求，可采用增设成套箱式变配电站的方式满足临时医疗中心的电量需求。临时医疗中心改造工程应设置发电机组作为应急备用电源，发电机组可采用室外防雨静音型箱式柴油发电机组或应急移动柴油发电车。

成套箱式变配电站、防雨静音型箱式柴油发电机组或应急移动柴油发电车，可采用租赁式，方便应急改造实施，降低改造投资。配电箱（柜）、照明灯具、插座、开关等电气设备宜选用标准化、模块化且市场占有率高的产品，从而满足应急医疗中心快速改造的建设周期要求。

结合城市韧性建设，为了在未来可能发生的突发公共卫生事件中进行医疗卫生救援时，能及时、迅速地完成体育馆改造为临时医疗中心的工作，在配电设计方面，还有很多事情可做。在新建体育馆的设计工作中要有应对突发公共卫生医疗风险的意识，电气设计须充分考虑应对城市突发事件的技术储备，如预留临时应急电源接入装置（如开关柜），建筑物内预留应急柴油发电机房等，场馆照明设计除满足正常比赛、训练照明外，还应预留接近普通医疗场所照明的灯控方案。

18

体育馆改造为临时医疗中心的暖通设计探讨

陈　俊　龚德建

体育馆改造为临时医疗中心的暖通设计探讨

Discussion of HVAC System Design for Emergency
Transformation of Gymnasium into Temporary Medical
Center

陈 俊 龚德建

陈 俊
东南大学建筑设计研究院有限公司
建筑设计一院总工程师
高级工程师

龚德建
东南大学建筑设计研究院有限公司
专业总工程师
高级工程师

一、前言

新冠肺炎疫情暴发以来，随着我国确诊人数的不断增加，现有的传染病医院床位已经无法满足接收病人入院的需求。国家疫情防控要求以控制传染源、切断传播链、隔离易感人群为基本原则，以精确调配医疗资源、集中收治确诊患者为目的，利用既有建筑改造为患者提供安全、可靠的就医环境，为医务人员提供安全、高效的工作环境的应急性医疗场所，以满足确诊患者应收尽收、全力救治的要求。因此，利用现有的县级市体育馆改造成临时医疗中心，是一种不错的选择。

新冠肺炎疫情发生后，江苏省住房和城乡建设厅组织编制了《公共卫生事件下体育馆应急改造为临时医疗中心设计指南》。设计指南中明确了改造后的临时医疗中心收治对象为已确诊的轻症患者，同时改造应遵循应急性原则、安全性原则、合理性原则、可逆性原则、实操性原则。

笔者通过对江苏省某县级市体育馆原暖通空调系统的分析，阐述了如何在充分利用既有暖通空调系统的前提下，快速将体育馆改造成满足使用要求的临时医疗中心，并对暖通空调系统的设计原则及设计要点进行了分析与探讨。

二、江苏省某县级市体育馆工程概况

某县级市体育馆建筑面积 27844 m²，建筑高度为 21 m，属多层建筑。地上主要空间为 6600 座比赛馆、训练馆、观众休息厅及比赛配套用房。冷热源由体育中心冷热源机房集中供应（冷水 T 供 / 回水 =7℃ /12 ℃，热水 T 供 / 回水 =60℃ /50 ℃）。比赛馆、训练馆、观众休息厅等高大空间采用全空气低速风道空调系统，其余小空间采用变制冷剂流量多联分体式空调系统并配新风系统。

建筑平面按照"三区两通道"（污染区、半污染区、清洁区、医护通道、患者通道）的原则进行了改造设计，改造设计后建筑功能分区如图1所示。污染区原功能为比赛馆场地、比赛馆活动看台区及训练馆；半污染区原功能为运动员入口门厅及贵宾入口门厅；清洁区原功能为比赛配套用房；体育馆外新建医疗辅助设施主要为医护卫生通过模块、病患卫浴模块及康复患者洗消模块。

图 1 临时医疗中心功能分区平面图

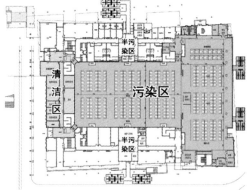

三、空调通风系统的改造设计

1. 设计原则

应调研核实体育馆原通风、空调系统的现状，并根据应急临时医疗中心建设要求及使用特点确定通风、空调系统改造方案，充分利用既有空调、通风设备设施适宜改造。不同污染等级区域压力梯度的设置应符合定向气流组织原则，应保证气流沿清洁区→半污染区→污染区方向流动。

2. 清洁区空调、通风系统的改造设计

清洁区原功能为比赛配套用房。此区域既有空调系统为变制冷剂流量多联分体式空调系统并配新风系统，部分无外窗房间及卫生间设有机械排风系统。此区域无须改造，但须对运行模式进行调整，多联机系统及新风系统正常运行，关闭所有排风系统，使得本区域维持正压。

3. 半污染区空调、通风系统的改造设计

半污染区原功能为运动员入口门厅及贵宾入口门厅，此区域既有空调系统为变制冷剂流量多联分体式空调系统并配新风系统。由于此区域既有的新风系统存在半污染区、未使用区域等共用风管、风口的问题，如采用封堵的方式，工作量较大同时也无法保证封堵严密，

无法杜绝交叉感染，因此，无法利用原有新风系统及排风系统。

半污染区的改造需要根据建筑平面改造，增设送排风系统，新增送排风机设置在室外安全处，室内新增送排风管采用成品无菌防火风管或 PVC 风管，管道应易采购、易安装，室内新增送排风管尽量明装在吊顶下，减少改造工作量。多联机系统可以正常运行。半污染区的最小换气次数（新风量）不小于 6 次/h，每个房间的排风量大于送风量 150 m³/h，保持负压。送风系统设置初效、中效、亚高效三级过滤器，排风系统排风口处设置高效过滤器，排风管升至地面10 m 以上排放。半污染区暖通布置如图 2、图 3 所示。

图 2（左）半污染区暖通平面图（一）

图 3（右）半污染区暖通平面图（二）

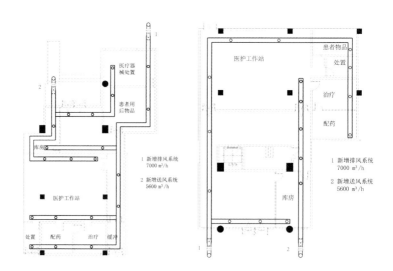

4. 污染区空调、通风系统的改造设计

污染区原功能为比赛馆场地、比赛馆活动看台区及训练馆，改造后功能为患者集中收治区。改造前原比赛馆采用全空气低速风道空调系统，观众席部分的气流组织采用上送风、看台下侧回风的方式，比赛场地的气流组织采用上送上回的方式，同时原比赛馆设置了7个排风系统，排风口设置在顶部。原训练馆采用全空气低速风道空调系统，其气流组织采用上送上回的方式，未设置排风系统。比赛馆与训练馆分属两个不同防火分区，交界处设有防火卷帘分隔。

该体育馆比赛馆场地及活动看台区总面积为 3100 m^2，按 2.5 m 高区域，12 次 /h 换气次数（排风量）计算，此区域需 93000 m^3/h 排风量；此区域须保持负压，送风量按排风量的 80% 计算，则此区域需要 74400 m^3/h 的送风量。根据以上数据，比赛馆场地区域拟通过既有 4 台组合式空调机组全新风运行送风，此 4 台组合式空调机组编号为 K-4-4~7。4 台组合式空调机组原总风量为 220000 m^3/h；现变频至 35% 风量运行，现总新风送风量为 77000 m^3/h（可以根据不同的空调系统情况，进行台数控制，送风量满足计算风量要求）。排风系统，可利用原 6 台排风机组进行改造，排风机组编号为 PF-R-18~23，总排风量为 96000 m^3/h。将原排风主管通过立管引至患者集中收治区床头下部地面，排风口底距地不小于 100 mm，形成上送下排的气流组织，此区域保持负压。

该体育馆训练场地面积为 2250 m^2，按 2.5 m 高区域，12 次 /h 换

气次数计算，此区域需要 67500 m³/h 的排风量；此区域须保持负压，送风量按排风量的 80% 计算，则此区域需要 54000 m³/h 的送风量。根据以上数据，训练场地区域拟通过既有两台组合式空调机组全新风运行送风，此两台组合式空调机组编号为 K-2-2~3。两台组合式空调机组原总风量为 63800 m³/h。现变频至 85% 风量运行，现总新风送风量为 54230 m³/h。排风须增设 3 台排风机组排风，每台排风机组排风量为 23000 m³/h，总排风量为 69000 m³/h。排风风机设置于室外地面，并做好安全防护措施。排风主管设置在分隔墙上方，通过立管引至患者集中收治区床头下部地面，排风口底距地不小于 100 mm，形成上送下排的气流组织，此区域保持负压。污染区暖通布置如图 4、图 5 所示。

5. 病患卫浴模块及康复患者洗消模块通风系统的设计

病患卫浴模块及康复患者洗消模块布置在室外，设置机械排风系统，最小换气次数不小于 12 次 /h，排风口处设置高效过滤器。具体布置如图 5 所示。

6. 医护卫生通过模块通风系统的设计

医护卫生通过模块布置在室外。医护人员通过"一次更衣间→二次更衣间→缓冲间"后，从清洁区进入隔离区，在"一次更衣间"设置不小于 30 次 /h 的送风，各相邻隔间设置 D300 通风短管，气流流向从清洁区至隔离区。医护人员通过"缓冲间→脱隔离服间→脱防护服间

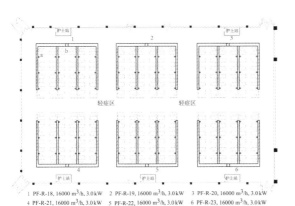

1 PF-R-18, 16000 m³/h, 3.0 kW   2 PF-R-19, 16000 m³/h, 3.0 kW   3 PF-R-20, 16000 m³/h, 3.0 kW
4 PF-R-21, 16000 m³/h, 3.0 kW   5 PF-R-22, 16000 m³/h, 3.0 kW   6 PF-R-23, 16000 m³/h, 3.0 kW
a 排风立管，接至床头   b 排风立管，接至原排风主管

图4 污染区暖通平面图（一）

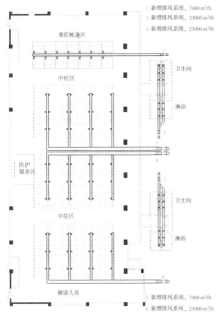

1 新增排风系统，7000 m³/h
2 新增排风系统，7000 m³/h
3 新增排风系统，23000 m³/h
4 新增排风系统，23000 m³/h

5 新增排风系统，7000 m³/h
6 新增排风系统，23000 m³/h

图5 污染区暖通平面图（二）

图 6 医护卫生通过模块
暖通平面图

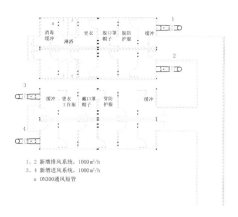

1、2 新增排风系统，1000 m³/h
3、4 新增送风系统，1000 m³/h
a DN300通风短管

→脱制服间→淋浴间→一次更衣间"后，从隔离区返回清洁区，在"缓
冲间→脱隔离服间"设置不小于 30 次 /h 的排风，各相邻隔间设置
D300 通风短管，气流流向从清洁区至隔离区。通风短管的设置位
置应形成合理的气流通道，对角上下交叉布置，尽量保证不留通风
死角，具体布置如图 6 所示。

四、空调水系统的改造设计

空调水系统及多联机系统无须改造。新冠肺炎暴发正值冬季，患者
集中收治区的空调系统由回风工况调整为全新风工况，送风温度达
不到要求时，可考虑开大空调机组水阀，提高空调供水温度等措施，
确保空调送风温度满足设计要求。

五、防排烟系统的改造设计

1. 防烟系统的改造设计

防烟系统无须改造。

2. 排烟系统的改造设计

《建筑防烟排烟系统技术标准》(GB 51251—2017)第4.4.1条规定,当建筑的机械排烟系统沿水平方向布置时,每个防火分区的机械排烟系统应独立设置。《建筑设计防火规范》(GB 50016—2014)第9.3.1条规定,通风和空气调节系统,横向宜按防火分区设置。《传染病医院建筑设计规范》(GB 50849—2014)第7.1.4条规定,医院内清洁区、半污染区、污染区的机械送排风系统应按区域独立设置。

综上所述,改造设计初期,建筑功能分区应该考虑将清洁区、半污染区、污染区分别布置在不同的防火分区内,不改变原有建筑的防火分区,以减少改造、封堵工作量。

该体育馆改造为临时医疗中心时防火分区未改变,须设置机械排烟的场所未增加,故排烟系统无须改造。同时清洁区、污染区的风管均按区域独立设置,半污染区原有的风管有延伸至未使用房间,将所有半污染区内的风口进行封堵即可。

六、总结

体育馆改造为临时医疗中心改造设计应遵循应急性、安全性、合理性、可逆性、实操性五大原则，充分调研核实既有空调通风系统的现状，最大化地利用既有空调、通风设备，适宜改造。

通风、空调系统应按清洁区、半污染区、污染区分区域独立设置，应保证气流沿清洁区→半污染区→污染区定向流动。

建筑功能分区时应该考虑清洁区、半污染区、污染区不应跨越防火分区，尽量不改变原有建筑的防火分区，以减少改造、封堵工作量。

医护卫生通过模块、病患卫浴模块及康复患者洗消模块等新增的医疗辅助设施优选在建筑外部设置，相应的通风系统成品安装，减少现场工作量。半污染区以满足最基本医疗用房为原则，以减少室内土建及机电的改造工作量。

参考文献

[1] 中华人民共和国住房和城乡建设部.传染病医院建筑设计规范:GB 50849—2014.北京:中国计划出版社,2014.

[2] 中国中元国际工程有限公司.新型冠状病毒肺炎传染病应急医疗设施设计标准:T/CECS 661—2020[S].北京:中国建筑工业出版社,2020.

[3] 湖北省住房和城乡建设厅.呼吸类临时传染病医院设计导则(试行)[R].武汉:湖北省住房和城乡建设厅,2020.

[4] 湖北省住房和城乡建设厅.方舱医院设计和改建的有关技术要求[R].武汉:湖北省住房和城乡建设厅,2020.

19

城市公共体育馆的应急性防疫救治临时改造设计与思考

曹　伟　吉英雷　侯彦普

城市公共体育馆的应急性防疫救治临时改造设计与思考

Temporary Transformation Design and Thinking of City Public Gymnasium as Emergency Response to Antiepidemic

曹　伟　吉英雷　侯彦普

曹　伟
东南大学建筑设计研究院有限公司
执行总建筑师
研究员级高级工程师

吉英雷
东南大学建筑设计研究院有限公司
高级建筑师

侯彦普
东南大学建筑设计研究院有限公司
高级建筑师

一、背景

2020年初暴发的新型冠状病毒肺炎令我国城市的传染病医疗资源突然面临严峻挑战。在战"疫"一线的武汉临时征用多处体育馆等大空间公共设施改造成方舱医院以作急用（图1）。江苏省住房和城乡建设厅未雨绸缪，紧急组织编制并发布《公共卫生事件下体育馆应急改造为临时医疗中心设计指南》（图2）。笔者参与了该项目可行性研究和指南编制的全过程，谨以此文与读者分享相关设计问题的初步思考。

按照我国现有的医疗卫生资源配置体系，各设区市配备的既有传染病专科医院难以满足突发传染性公共卫生事件下大量激增患者的救治需求。各省辖市或经济实力较强的城市即便紧急新建临时传染病医院，也难以全面覆盖各县级城镇的应急防疫和救治要求。

图1（左） 武汉某体育馆改造的临时医疗中心

图2（右）《公共卫生事件下体育馆应急改造为临时医疗中心设计指南》封面

同时，传染病医学要求就地隔离收治，快速有效地在疫情暴发地扩容收治床位成为疫情防控的必然需求。而一旦这种暴发性公共卫生事件结束，临时新建的救治设施则又可能长期处于失用状态。

因此，城市部分公共设施的"平战转换"利用就成为一种应对紧急防疫救治的可能策略，城市公共体育馆即是其中一种较为适宜改造转换的公共设施类型。

二、体育馆建筑的特点与应急改造的优势

根据传染病暴发的一般特征及分类救治的部署策略，紧急改建的临时医疗中心主要收治已经确诊的轻症患者，以减缓专业传染病医院的收治压力。改造建筑应优先选择与周边建筑和活动场所有较大距离、场地开阔、各类基础设施完好、具有大空间特点的公共建筑。体育馆建筑通常独立布置，建筑内部具有较大面积的比赛场地，有利于病床的集中布置与看护；与比赛场地相关的辅助功能齐全，各类分区明确，有多个出入口，便于组织不同功能流线。因此，相比其他类型建筑，城市公共体育馆更加适合改造成临时医疗中心。例如，在城市公共服务设施覆盖面较全的江苏省，各县（市、区）均有不同规模的体育场馆，分布相对完整均匀。体育馆规模差异主要是观众席位的规模差异，比赛场地差异较小，基本满足改造成临时医疗中心的空间要求（表1）。

序号	市、县（区）	建设规模（m²）	序号	市、县（区）	建设规模（m²）
一	南京市	38564	八	淮安市	45700
1	江宁区	7000	1	涟水县	4764
2	六合区	7045	2	洪泽县	6000
3	溧水区	14853	3	金湖县	5408
4	高淳区	9666	4	盱眙县	13027
二	无锡市	15000	5	淮阴区	16501
1	宜兴市	8000	九	盐城市	71694
2	江阴市	7000	1	盐都区	9800
三	徐州市	17980	2	响水县	5000
1	丰县	4000	3	滨海县	9514
2	邳州市	9000	4	阜宁县	6000
3	新沂市	4980	5	建湖县	9800
		4260	6	射阳县	12400
四	常州市	30600	7	大丰市	12380
1	金坛市	6000	8	东台市	6800
2	溧阳市	18600	十	扬州市	8475
3	武进市	6000	1	宝应县	2475
五	苏州市	53200	2	江都市	6000
1	昆山市	7000	十一	镇江市	32654
2	常熟市	33200	1	丹徒区	11446
3	太仓市	6000	2	丹阳市	6800
4	张家港市	7000	3	句容市	8000
六	南通市	20166	4	扬中市	6408
1	如东县	4000	十二	泰州市	37698
2	如皋市	16166	1	泰兴市	8478
七	连云港市	39508	3	兴化市	3000
1	赣榆区	10000	4	靖江市	26220
2	东海县	12898	十三	宿迁市	37000
3	灌云县	9610	1	宿豫区	10000
4	灌南县	7000	2	沭阳县	6000
			3	泗阳县	12000
			4	泗洪县	9000

表1 江苏省各区县体育馆情况汇总表

（统计时间：2020年2月，数据来源：江苏省体育局）

三、可能存在的问题与矛盾

既有体育馆建筑立项之初，并没有考虑改建成临时医疗中心。从传染病医疗救治的功能需求看，既有体育馆在应急性改造中可能存在如下问题。

（1）如果体育馆位于密集的建成区，与周边的住区、办公区或公共活动场所距离较近，就难以满足传染病防护与救治的隔离要求。（2）室外场地除了满足不同医患人流独立出入、物资货流及机动车停放要求外，还需要提供部分临时救治设施设备扩展的可能性。（3）体育馆内部大空间设计强调比赛场地的规范化、观众观赛的视线效果要求，以及辅助空间对主要使用空间的支持，这与传染病救治要求严格区分清洁区与污染区的目标存在局部矛盾。（4）体育馆大空间能基本有效保障医护工作效率，降低了改造难度，但同时也对传染病隔离防控的完整要求提出挑战。（5）患者及医护人员生活、工作排放的污废水气应当得到有序收集并消毒，因此难以直接利用原有排水排气设施进行排放。（6）比赛场地周边的辅助功能空间难以完全满足临时医疗中心所需的诊治医技功能，保障设备的荷载、空间、电力等需求。

四、体育馆建筑设计应对临时改造的提前预案

为克服上述功能转化中所存在的问题和矛盾，应当从前期设计预案和后期改造两方面综合兼顾来解决。

在体育馆项目策划和规划设计时应当将临时防护与救治作为项目设计的目标之一。这不仅为应急性改造创造便利，同时也有助于最大程度地避免改造行为对既有建筑和设施的破坏，从而在突发事件结束后能尽快恢复既有的使用功能。这种前置性预案思考主要体现在以下几个方面。

1. 规划选址

文化体育类公共建筑通常会相对集中布置。该类设施作为服务功能，应尽量选址于相邻功能设施的下风向，并且与周边建筑和公共活动场所保持充分的防护隔离间距，利用林木增强防护效果。

2. 周边交通条件优良

体育馆在规划选址上没有必要紧邻医疗及传染病救治机构。但作为人员密集场所，应当考虑突发群体性事件的发生，场馆内的人群能够通过便利的城市道路网被运送至医疗救治中心。同时，周边道路应能满足大量的物资车辆、急救车辆进出。体育场馆地块的内部道路应当与城市道路有不同方向的多个接入口，满足患者、康复人群、健康的医护工作人员等不同人流进出，以及洁净物品、大宗物资、污物垃圾等不同物流进出。场地内部道路的布置原则是确保健康人群与患者流线分开、洁净物品与污物分开、急救与重症转院流线通畅。

3. 室外场地设计

通常体育馆的室外疏散广场较大，有利于各类车辆和辅助设施的设置。该类场地多设置在观众出入口附近，在应急改造后则需要在多个不同出入口均有一定面积的辅助场地（图3）。

（1）患者入院与重症转院出入口。患者入院与重症转院出入口场地应能满足多辆救护车、大巴车的停放，并且满足冲洗、消毒后废水收集的功能。落客场地上方应当有较大面积的雨棚覆盖，确保集中转移的患者能够在无雨情况下进出场馆内部。(2) 医护工作区出入口。医护人员进出工作区前后有严格的更衣、消毒程序。离开工作区的卫生通过空间内污废水应当收集并集中消毒，不能使用既有建筑的排水系统。因此，在有条件的情况下，在外部场地放置成品或快速建造的卫生通过模块，便于快速改造投入使用。该类临时建筑应在

图 3 某体育馆改造成临时医疗中心后的总平面图与交通流线

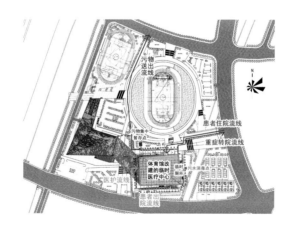

具有雨棚的无雨空间内建造使用，方便医护人员进出。(3) 污物出口。污物出口设置应满足城市垃圾清运车辆的停放需求，且应考虑在室外搭建临时垃圾站的场地要求，将场内患者与垃圾暂存点进行物理隔离。(4) 患者盥洗、卫生间设施场地。患者的盥洗、排泄污废水应当严格按照感控要求收集消毒后排入城市污水管网，因此不能使用既有建筑的盥洗与卫生间设施，考虑改造的便捷性应当在患者能够进出的室外场地设置成品或快速建造模块。

4. 场地上的水电接口预留

体育场馆作为临时庇护、救治场所有着一定程度的不可预知性。传染病疫情、地震与战争、自然灾害等突发事件下接纳的人群不一样，所需要的保障设备也不同。体育馆室外场地设置一定密度的水电预留接口能够大大提高设备设施的兼容性，适应不可预知的突发事件。随着无线技术、移动设备技术的升级，场地上的预留接口也能为媒体转播、活动举办等平时场馆使用提供多种可能。

5. 无障碍设计

体育馆平时使用人群以健康人居多，无障碍设计为少数人服务，流线上未必便捷。应急时期会有大量患者、医用推床、设施设备进出，无障碍的便捷性尤为重要。比赛场地应当优先设置于一层，无论从疏散还是应急角度出发均较为便捷。无障碍设计的高覆盖率还能够使得机器人看护、运送物资成为可能。

6. 功能分区明确

体育馆内空间除了有比赛、训练场地以外还应当满足运动员休息、裁判员工作与休息、媒体转播、管理办公、贵宾休息会见、储藏、产业商业等功能要求。体育馆改造成临时医疗中心应当充分结合既有建筑空间进行，这就要求在体育馆最初设计时各功能分区之间有着明确的物理阻断，能够独立管理与灵活分隔改造。

7. 材料选用

体育馆本身就是人员密集场所，在顶棚、墙面、地面的材料使用上应当选择耐擦洗、防腐蚀、防渗漏、便于清洁和消毒的建筑材料及构造措施，更加利于应对应急状态下的临时改造。

五、改造的主要目标与方法

在传染病疫情暴发的情况下，将体育馆改造成临时医疗中心是对城市有限医疗资源的一种紧急补充。改造设计应当体现应急性、安全性、合理性、可逆性和实操性原则[1]。

1. 功能分区明确

改造设计应当严格按照传染病医院"三区两通道"的要求进行。集中收治患者的病区与患者通过的区域为污染区；医护人员经过卫生通过后的工作区为半污染区；医护人员开展工作前后、临时办公、居住停留及洁净物品存储的区域为清洁区。三者之间应当有明确的物理分隔，且通风空调、机电设备系统应利用原有的防火分区独立设置（图4）。

2. 在内场空间加建病床单元

体育馆内的大空间宜改造为污染区，集中收治患者，充分利用体育馆空间特征，提高医护人员效率（图5）。体育馆的辅助用房宜改造成半污染与清洁区。

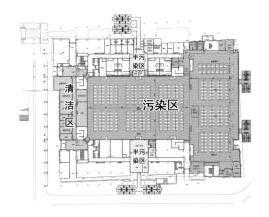

图4 改造后的功能分区图 ●

为了避免患者在集中的收治空间内交叉感染，病床应分单元成组布置，每个护理单元设置的床位数不宜大于 42 床。病床间距宜为 1.2~1.5 m，病床间通道不应小于 1.4 m[2]。病床区内应分区设置已康复患者出院前的观察区、普通患者区、待转运的重症患者区、需要单独救治的隔离区。普通轻症患者、康复观察患者区可采用隔断式护理单元，有条件的宜采用上送下排的通风方式，有组织地控制气流方向（图 6）；重症患者、隔离患者区宜采用负压隔离护理单元（图 7）。

● 图 5（左）内场病房单元改造示意

● 图 6（右）隔断式护理单元内的送排风方式示意

● 图 7　负压隔离护理单元

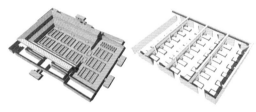

3. 合理控制半污染区规模

医护工作区应利用体育馆普通层高的辅助区域进行改造，设置护士站、医护办公、治疗、配药、处置等空间。由于医护工作区属于半污染区，需要有组织地进行机械通风，该区域面积应尽量经济紧凑，避免通风设备过多。污染区与半污染区内的用水设施宜靠外墙布置，便于污废水的收集与消毒。医护卫生通过分为进入限制区卫生通过和返回清洁区卫生通过，有着严格的感控流程和污废水收集要求，设置卫生间和排水的房间宜采用集装箱式或装配式建造方式在体育馆室外增建。进入限制区卫生通过应按照感控流程按顺序设置穿工作服一次更衣间、穿防护服二次更衣间、缓冲间（图8）。返回清洁区卫生通过应按照感控流程按顺序设置缓冲间脱隔离服更衣间、脱防护服更衣间、男女卫生间、淋浴间一次更衣间（图9）[3]。

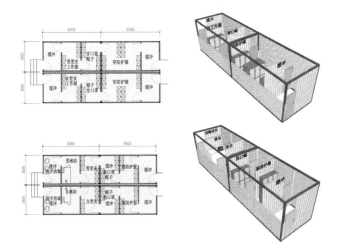

图8　进入工作区卫生通过模块

图9　返回清洁区卫生通过模块

六、结语

城市公共体育馆的应急性防疫救治临时改造可以成为城市应对突发性公共卫生事件预案体系的有效组成部分。这种临时改造的合理性、可逆性和经济性建立在体育馆项目策划、设计、建设与应急改造需求的双重理解基础之上。这一平战结合的预案部署和设计理念为开拓城市环境综合安全体系的建设增添了新的路径，也对城市公共建筑设计的多元适应性提出了新的技术要求。由此引发的相关专业设计和产品研发亟待建筑设计和关联学科行业携手探索和攻关。

东南大学建筑设计研究院有限公司项目研究团队

编　制：韩冬青　曹　伟　侯彦普　吉英雷　张咏秋
　　　　陈　俊　臧　胜　李　骥　梁沙河　韩重庆
校　审：高　崧　刘　俊　龚德建　范大勇　殷伟韬
　　　　袁　俊　刘永刚　章敏婕　朱筱俊　王智劼
　　　　史旭辉
医疗咨询顾问：冯　丁　许云松　姜亦虹
合作团队：南京大学建筑规划设计研究院有限公司
　　　　　江苏省建筑设计研究院有限公司

注释

[1] 江苏省住房和城乡建设厅. 公共卫生事件下体育馆应急改造为临时医疗中心设计指南 [R]. 江苏，2020.

[2] 湖北省住房和城乡建设厅. 方舱医院设计和改造的有关技术要求 [R/OL]. 武汉，2020. http://zjt.hubei.gov.cn/fbjd/xxgkml/zcwj/202002/P020200020644140 3044008.pdf.

[3] 中华人民共和国国家卫生健康委员会，中华人民共和国住房和城乡建设部. 新型冠状病毒肺炎应急救治设施设计导则（试行）[R]. 北京，2020.

参考文献

[1] 中国中元国际工程有限公司. 中国中元传染病收治应急医疗设施改造及新建技术导则（第二版）[R]. 北京，2020.

[2] 北京市建筑设计研究院有限公司. 应急救治新建临时与改造医疗设施工程设计导则（试行）[R]. 北京，2020.

图表来源

图 1 http://www.infzm.com/contents/177680.

图 2 https://mp.weixin.qq.com/s/PTtiuE0DXHBZtAVTckvtpQ.

表 1 作者自绘，统计时间：2020 年 2 月，数据来源：江苏省体育局。

图 3、图 4、图 8、图 9 作者自绘。

图 5、图 6 马杰绘制。

图 7 南京大学建筑规划设计研究院有限公司提供。

20

战疫反思——
多维度视角的公共卫生事件下建筑应对策略

高崧

战疫反思——多维度视角下的公共卫生事件建筑应对策略

Architectural Introspection on Fighting the COVID-19 – Architectural Response Strategies of Public Health Events from Multi-layered

（原载于《建筑技艺》2020 年 3 月第三期（月刊），总第 294 期）

高　崧

东南大学建筑设计研究院有限公司总建筑师

城市建筑工作室（UAL）设计总监

研究员级高级工程师

人类自跨入 21 世纪以来，灾难频发，仅《国际卫生条例》于 2005 年生效以来，世界卫生组织（WHO）就宣布了五次"国际卫生紧急事件"。此次新冠疫情的突发，中国政府迅速响应，动用强大的国家资源抗击疫情，举国上下全面进入一场空前的苦战之中。作为专业设计机构和人士，投入战疫自然是义无反顾，责无旁贷。全国上百家设计机构，均在各个方面不同程度地参加了抗疫战斗。笔者所在东南大学建筑设计研究院有限公司组织力量直接参与了南京市公共卫生医疗中心应急病房楼建设（图 1），并在江苏省

图 1 南京市公共卫生医疗中心应急病房楼

住房和城乡建设厅主持下，与南京大学建筑规划设计研究院有限公司、江苏省建筑设计研究院有限公司共同编制了《公共卫生事件下体育馆应急改造为临时医疗中心设计指南》。

灾难固然可怕，但真正的可怕之处在于未知，在于面对灾难的被动与失措，在于"好了伤疤忘了痛"。因此，正其时的反思显得更为真切。

面对灾难来临的未知性，我们是主动"备战"，还是被动"应战"？

此次抗击突发"新冠"疫情，大量报道显示，诸多地区均是在短短几天内建成不同规模的应急医院，改造完成多个方舱医院和紧急医疗中心等等。或实施，或预案，或指南、标准、导则，不一而足。一方面，充分体现了我国战时动员能力和建设能力的强大，体制与制度的优越。另一方面，不可回避的是，同时也暴露出"战疫"的被动状态，过程中的仓促与窘迫难以一一言说。这一点，笔者在亲历中深有感触。其结果，应急性成为主导因素，科学合理与有效性难以充分保障，实际操作变数多多，困难重重……凡此种种，皆因忧患意识的缺失所致。人们常常沉浸于曾经，热衷于当下，极少甚至刻意拒绝思考未来。这就是每当灾难来临，我们一次次地重复着过去，仿佛初次面对的原因。这显然是一个宏大的命题，需要至少在国家层面整体性、系统性的战略规划。因为在大自然面前，人类的力量是如此的渺小，单纯从某一个方面，仅在某一个层面上的举措，根本无法应对。仅在规划建筑领域，针对此次"战疫"，我们是时候，也必须要改变以往的思维观念，变被动"应战"为主动"备战"，变单一维度为多维度思考和应对，迎战未可预知的公共卫生突发事件，预先提供物质和技术支撑。

一、微观层面

城市总体规划结合医疗卫生设施的布局，应统筹考虑应对突发性公共卫生事件医疗场所和设施的设置，针对性地调整、补充与完善相关专项规划，形成整体均衡的规划布局。这是在国家层面完善医疗卫生设施配置的前提下所提供的规划技术支撑。此次疫情已涉及全世界大多地区，其中医疗资源配置充分的国家（如德国、英国、美国和新加坡等），与医疗资源配置欠缺的国家，其应对能力和受到的影响存在明显差异。所以，补缺我国在医疗资源配置上的短板是根本性的策略。

在相关导则或指南的指导下，县级市及以上地区，均应储备至少一套将具体建筑改造为应急医疗场所的预案，包括全套的设计文件和施工队伍、备件、相关材料与成品等生产厂家的储备或布点等。需要强调的是，具体改造建设方案的预先储备，在很大程度上可以避免改造方案因为自身的仓促而造成的种种缺陷，从而充分保障改造工程的合理性和实操性（图2~图7）。

各地区的相关建设标准、规定等应针对性地进行补充、调整、修订，特别是应补充针对临时应急改造工程的变通应对办法，提高相关标准、规定等的适配性和操作性。

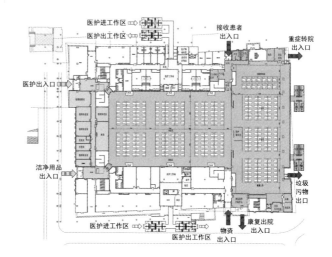

图 2 将某体育馆改造为
临时应急医疗中心方案
示例 1

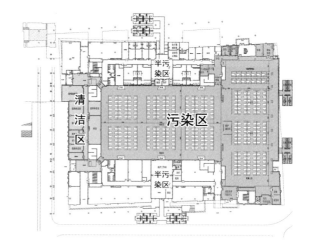

图 3 将某体育馆改造为
临时应急医疗中心方案
示例 2

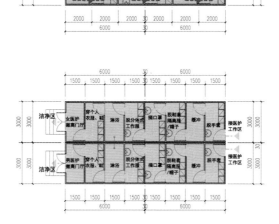

图 4　模块一

图 5　模块二

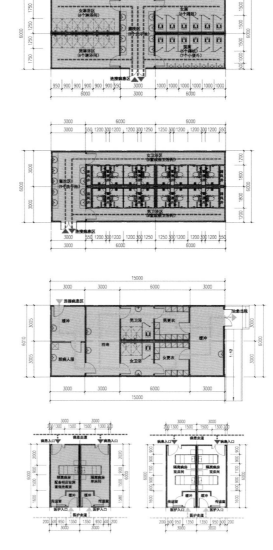

图 6 模块三

图 7 模块四出院洗消

新建、改扩建的综合医院和公共卫生医疗中心等应加强：（1）场地与空间的预留与设计，并配备"平时"与"战时"不同的使用方案。(2)水、电、气等机电设备设施预留与设计，以便遇有突发公共卫生事件时，能充分依托既有医疗资源，高效应对（图8、图9）。

加强相关工业化建造技术、相关配套成品等的研究与开发，以满足应急性要求。也可减少改、扩建工程量，改善临时应急工程可逆性，从而降低资金的投入。

总结、归纳经验教训，研究和探讨医疗建筑与公共卫生中心等的建筑设计，加强公共紧急事件的应对考虑，推动医疗建筑设计理论与技术的进步，以适应未来发展需求。

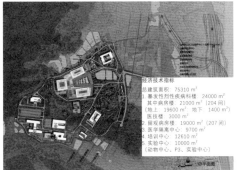

图 8（左）　南京市公共卫生医疗中心总平面图

图 9（右）　南京市公共卫生医疗中心平时与应急不同状态示意图

二、宏观层面

在整个建筑设计领域，应进一步强调以绿色形态设计为主导的绿色建筑价值观，建立方向明确、整体科学的评价体系，改变以往以设备技术运用因素和形式判断为主导的评判体系，引导建筑行业健康发展，指导城市与乡村建设，创造可持续发展的、人与自然和谐共生的人居环境。建筑设计领域虽然提倡多元化，但对于大量性的、特别是涉及国计民生的建筑而言，绿色建筑价值观应该成为其主流价值观。价值观的影响必然是根本性的和全方位的，如建筑方针、政策的内涵理解与解读，建设模式的创新，配套政策的完善，建筑教育与培训的优化调整，建筑评价体系的价值导向的改变等等。

重新审视现有的规划、城市设计、建筑设计和景观设计理论与实践。不仅仅是医疗类建筑设计，整个建筑领域各个层面、各种类型的建筑与建造，均应充分融入公共安全因素的考量，并且这种考量应以顺应自然，而不是与自然抗衡为基本理念，全方位实践面向未来的、安全的、科学的、具有"韧性"的新型人居环境设计。

此次新型冠状病毒疫情的突然暴发，给社会和经济带来了巨大的冲击，也给人类的生存安全敲响了警钟。这既不是第一次，也绝不会是最后一次！我们建筑人应痛定思痛，视危机为契机，展开积极、切实的行动，为人类生存安全做出应有的担当，为创造自然和谐的人居环境做出应有的贡献。

感 谢

文中工程案例照片及技术图纸资料由东南大学建筑设计研究院有限公司设计
团队韩冬青、曹伟等,南京大学建筑规划设计研究院有限公司设计团队冯金龙、
廖杰等提供。

参考文献

[1]【建筑的文化】疫中思策 | 王建国院士:疫情是"危机"也是"契机"[EB/OL].
[2020-02-12].https://news.seu.edu.cn/2020/0212/c5485a317118/page.htm.

[2]【建筑的文化】疫中思策 | 韩冬青:建筑更加安全的城市 [EB/OL].[2020-
02-12].https://news.seu.edu.cn/2020/0212/c5485a317111/page.htm.

[3] 中华人民共和国住房和城乡建设部.综合医院建筑设计规范:GB 51039—
2014[S].北京:中国计划出版社,2014.

[4] 江苏省住房和城乡建设厅.公共卫生事件下体育馆应急改造为临时医疗中
心设计指南 [R].江苏,2020.

[5] 中华人民共和国住房和城乡建设部,中华人民共和国国家发展和改革委员
会.综合医院建设标准 (2018 年版):建标 110—2018[S].北京,2018.

[6] 中华人民共和国卫生部.医院隔离技术规范:WST 311—2009[S].北京,2009.

[7] 中华人民共和国住房和城乡建设部.传染病医院建筑设计规范:GB
50849—2014[S].北京:中国计划出版社,2014.

[8] 中华人民共和国住房和城乡建设部,中华人民共和国国家发展和改革委员
会.传染病医院建设标准:建标 173—2016[S].北京,2016.

[9] 中华人民共和国国家卫生健康委员会,中华人民共和国住房和城乡建设部.
新型冠状病毒肺炎应急救治设施设计导则(试行) [R].北京,2020.

21

城市公共卫生事件下应急工程的设计与思考

孙承磊　曹　伟　沙晓冬

城市公共卫生事件下应急工程的设计与思考

Emergency Building Design and Thinking during the Urban Public Health Events

（原载于《建筑与文化》2020 年 01 期 NO.192）

孙承磊　曹　伟　沙晓冬

孙承磊

东南大学建筑设计研究院有限公司

高级建筑师

曹　伟

东南大学建筑设计研究院有限公司

执行总建筑师

研究员级高级工程师

沙晓冬

东南大学建筑设计研究院有限公司

正高级建筑师

一、设计背景

新型冠状病毒肺炎疫情作为典型的城市公共卫生突发事件，不仅严重冲击了城市医疗救护体系，更令应急医院的建设成为与死神赛跑的火线工程。借鉴北京建设小汤山医院的经验，武汉市在两周多的时间内迅速建设火神山、雷神山两座大型应急医院。面对新型冠状病毒感染的肺炎疫情发展的严峻形势，南京市委市政府紧急决策，在现南京市公共卫生医疗中心（南京市第二医院汤山分院）的基础上开展应急扩容设计与建设，先期完成 288 间应急隔离病房的设计工作。作为永久性应急战备工程，完成场地、道路和相关水、电、气、污水处理等设备主管线的建设，并视疫情发展的情况开展上部装配式应急板房的建设。东南大学建筑设计研究院有限公司承接了该应急工程的设计工作，一天完成方案设计，三天完成施工图设计，根据疫情发展的需求，首期 72 间应急病房及 32 间医护人员隔离用房已于 2 月中旬建设完成。

二、南京模式

南京市公共卫生医疗中心（南京市第二医院汤山分院）是南京市政府在非典之后的未雨绸缪之举。医疗中心总建筑面积 11 万 m^2，共设有 950 张床位，平时作为南京市集中收治传染病的综合医院，在此次新型冠状病毒感染的肺炎疫情中成为江苏省和南京市定点收治医院。项目于 2015 年建成，于 2016 年投入使用，东大院完成该项目的方案优化和整体施工图设计工作（图 1）。在最为核心的呼吸道传染病大楼的设计中，设计方提出了一种新的布局模式，将平行式布局内原处于病房外侧的污染走廊及其内侧的半污染走廊一并向平面空间内部顺移，提升病房的受光度，从而为病患提供更好的治疗环境。

本次应急工程设计与建设，与各地开展的大部分应急医院的建设相比有明显的"南京模式"特点。（1）区位：项目选址距离主城区 20余 km，四周群山环绕，与人员密集的城市建成区之间形成自然隔离。（2）医疗资源：应急工程的建设依托建成的公共卫生医疗中心，与大量临时应急建设的医院相比具有既有医疗资源服务支撑优势。（3）建设理念：应急与永备相结合原则，场地基础和各种设备主管线是永久标准建设，而采用集装箱模块化的地面建筑则可以在极短

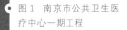
图 1 南京市公共卫生医疗中心一期工程

时间快速装配完成。待疫情过后即可拆除回收，场地恢复为绿地、球场和停车场，但作为应急灾备场地的功能则永久保留。（4）合理决策：应急病房建设并非一次全部建设完成，而是根据疫情的发展适时实施，避免大量临时性应急板房疫情过后长时间闲置造成经济上的浪费。（5）平战结合：南京市公共卫生医疗中心平时作为南京市第二医院汤山分院承担南京市的传染病收治，其小综合的部分则承担周边医疗配套服务和老年病专科的功能，这些功能在突发性公共卫生事件下可快速转换。(6)完善提升: 在总计32万 m^2 (480亩）的建设用地内，将继续规划建设烈性暴发性疾病诊疗中心、医学隔离中心、科研实验中心和教学培训中心，通过省、市共建打造国内一流的"医、教、研、防、管"五位一体的国家级区域传染病医疗中心（图2）。

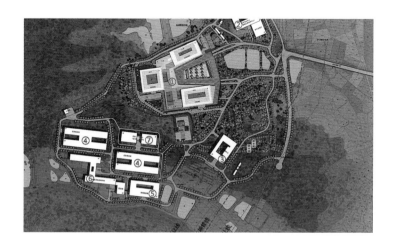

图 2　南京市公共卫生医疗中心规划总平面图

291

三、总结

1. 应急工程建设下的建筑设计、建造体系、设备技术方案

1）设计方案

基地为丘陵地带，场地高差较大，经过多轮权衡后最终选择了位于整个院区的下风向、场地较为平缓的院区西南角。既避开鱼塘、高压电线、养殖基地等制约因素，又可利用丘陵山体与建成公共卫生医疗中心实现相互隔离。工程建设的急迫性决定了其不可能进行场地的勘探，为减少土方开挖，设计顺应地形高差形成南北两组台地。南侧低标高区为两层，北侧高标高区为一层。南北在不同标高上设置出入口，每层均可水平进出，建筑内部不需设置坡道和电梯。救护车可直达建筑一层和二层的病人出入口处，提高了救治工作效率。

应急病房楼为工字形布局，病房护理单元平面为传染病病房楼常用的"三区两通道"模式。工字形中间部分医务人员通道及休息区为清洁区，病房单元为污染区，清洁区与病房单元之间的医护工作区和工作走廊为半污染区，三区划分清晰。设计还调整了医护人员进出通道的布局，使其走向更为合理，空间更为高效。

护士站的布局采用半开敞式布局，以提高工作效率。污染区病房入口区域，综合设置配套处置间、标本间、备餐间及污洗间。清洁物流和污染物流应分别设有专用路线，互不交叉。物品库布置在清洁区，通过缓冲区与半污染区连通，物品运送工作人员无须进入半污染区。

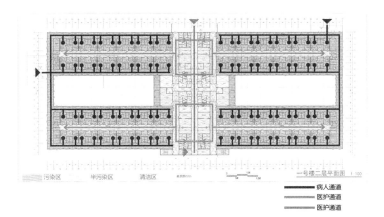

图 3　洁污流线图

污染区　　半污染区　　清洁区

一号楼二层平面图　1:100

病人通道
医护通道
医护通道

2）建造体系

建筑场地为永久性灾备场地。为调整建筑的不均匀沉降，结合场地硬化、抗渗的要求，基础采用了配筋整板基础形式，整板下设砂石褥垫层，并设置了防渗层（土工布 +HDPE 防渗膜 + 土工布）。

建筑采用预制装配式的彩钢夹芯板板房体系，其具有标准化、模数化、采购便捷、安装方便、结构自重轻、价格便宜等优势。常规箱房体系均为 3 m×6 m×3 m 模数，四周钢骨架承重，内衬 95 mm 厚双层彩钢夹芯岩棉板，主要电路管线均在工厂预埋加工。针对箱房门洞开口的局限性，深化设计阶段优化门扇构造。同时优化箱房间缝隙构造处理，确保主要通道通行顺畅。病房卫生间，采用模块一体化设计理念，地面采用整体翻边 PVC 地面，确保卫浴防水性能。病房内部板缝隙均采用铝箔密封，确保气密性。

箱体板房均自带天沟及落水管，排水做法较为成熟，但本项目进深达 21 m，大量的拼接缝隙必然对排水系统提出了更高的要求。本工程在屋顶上方设置一层金属屋盖，彻底解决屋面防水问题。屋盖采用钢结构，同时考虑整体抗风、清扫积雪、下部风机进排风等技术问题。屋顶内部依据进排风区域的不同，隔成6个相对独立的区段，避免气流短路。檐口下方设置百叶，降低风噪并避免夏季雨水飘落到屋面。

为便于设备管线的安装和检修，整板基础和装配式板房间之间设置了 800~900 mm 高的架空层。设计初始为更符合装配式要求的可拆卸型钢短柱，后由于材料采购和制作周期限制，改为砖砌柱墩架空，柱墩上方设 8 mm 厚钢板垫层，调整高差并确保箱房安装的稳定性。

图 5 架空层支座施工

3）设备技术方案

新建应急病区污水处理采用成品污水处理罐，经臭氧消毒处理后，加压提升至公共卫生医疗中心现污水处理站处理。雨水收集病房及周边道路界线内的初期雨水，经消毒处理后，加压排至公共卫生医疗中心雨水管网。室外污废水采用了无检查井的室外管道系统，提高了设计标准，减少了污染水泄漏、废气外溢引起病原菌扩散传染的途径，提高了安全性。

图 6 外管及防渗工程施工

295

因工期短，本应急病房楼采用分体空调，带辅助电加热，安装简单，且不会造成交叉感染。传染病防治要求形成合理的压力梯度，气流须有序流动。机械通风系统按照清洁区送风量大于排风量，污染区排风量大于送风量的原则，医院内的空气从清洁区流向半清洁区再流向污染区，正确的空气流向能够起到对病毒、细菌等感染的屏障作用。同时清洁区、半污染区和污染区的通风系统按区域独立设置，所有送排风系统均设置初效、中效、高效过滤器，以保证送风洁净和排风系统不污染环境。主要分体空调室外机结合底部架空层及屋顶进行放置。所有空调冷凝水均接入污水处理系统进行消杀处理。

本工程两路 10 kV 主电引自一期前置环网柜，并在环网柜处设置高压联络。低压侧采用 4 台 500 kVA 箱式变供电，并对应设置 4 台 500 kW 应急发电车作为应急备用电源。建筑物内设备用电除空调风机电加热系统外，均为低压双回路进线，主电引自变压器，备电引自发电车，从而确保供电的可靠性。建筑物内除普通照明外另设置应急照明及疏散指示系统。由于应急工程建设周期原因，内部未设 BA 控制系统，电气专业采用机械联锁装置在楼内可控制设于屋顶的空调风机及其加热系统，确保通风系统的安全运行。

在主要出入口、公共场所、候诊、护士站、走廊等处设置视频监控系统，病房区出入口、病房的医患通道、过渡区、缓冲间设置门禁点，护士站设一键报警系统。按照普通风险对象先进型安全防范工程设计，各子系统设备通过设备管理网络进行联网，通过安全防范综合管理平台进行集成，实现集中管理、集中监控、应急响应、系统联动等功能。

图 7(左) 屋面体系施工

图 8(右) 病房楼外景

2. 应急工程设计对规范条文的理解

在本工程建设过程中，国家和省市各级部门先后制定了应急工程建筑设计标准和导则性文件，对整个工程的建设起到了非常关键的指导作用。2 月初，中国工程建设标准化协会发布了《新型冠状病毒感染的肺炎传染病应急医疗设施设计标准》，南京市住房和城乡建设委员会和消防安全委员会也发布了多项相关设计指导意见。

应急工程的特殊性决定了设计与建设无法完全满足既有规范设计条文的要求。按照相关规范，病房需要设计喷淋、排烟等消防设施，但应急工程的建设急迫性使其建设可行性大为降低。同时活动箱房本身层高只有 2.87 m，不具备安装空间。考虑建筑楼层均为 1~2 层，疏散便捷；病人均为特殊呼吸道疾病，病员数量固定，无探视家属进入，人员较少；内部可燃物极少，无明火存在的可能；病房和走廊等公共空间均有监控。经综合分析，认为新建应急工程的火灾危险性远低于常规医疗建筑。在和消防部门反复沟通后，认为可以有针对性地采取适度消防措施以保证病患安全。设计在室内设置了消防软管卷盘及灭火器，消防软管卷盘加密设置并单独设置给水系统，灭火器按严重危险级布置，室外环状布置消防供水管并设置室外消火栓。

场地内的雨水回收同样面临着重大挑战，按照规范要求，雨水回收量巨大，会对污水处理机房造成冲击。经仔细分析论证，认为有必要回收处理初期约 20% 的雨水，并在病房四周设立集水管沟，兼顾环保处理能力与现场实际情况。

3. 应急建设过程中容错性和设计的实时调整

应急工程本身的建设始终伴随着各种变化，部分是希望更好地完善设计，部分是因为现实的困难。场地平整阶段，先克服了西侧密集墓葬区对建设条件的限制，但场地内部有一处小白鼠繁育基地，无法在短期内完成搬迁。通过对路网体系及管线走向的调整，工程临时变更避让，确保整体进度不受影响。基础施工阶段，施工方考虑到一处挡土墙的施工需要增加约一天的工期，提出对方案进行调整。在得到指挥部确认后，设计现场变更，并统筹协调各工艺配合方进行相应调整。作为建筑主体的箱房生产方为争取进度希望利用一批库存的箱体，但尺寸同设计存在一定出入。为此，设计方逐条进行分析，并迅速提出了解决方案，为加工安装争取了时间。

春节期间严格的疫情管控措施对整个设备材料的采购造成了很大影

响，很多设计要求无法按图实施。其中最基本的外窗不具备货源，因而对外立面重新规划并协调相关风管重新优化排布。走廊一侧密封观察窗同样无货可用，经紧急研究决定采用在原有普通窗内侧衬亚克力板并用密封胶固定的模式解决。现场采购的病房门同医疗工艺要求存在一定差距，均须设计师现场研究解决方案，最终决定在底部及四周加装汽车配件用到的密封条。

4. 应急工程设计中 BIM 设计协同

由于箱房空间高度的限制，众多管线不可避免存在交叉的情况。为便于适时发现潜在问题，在设计时间非常紧张的同时，与 BIM 设计团队密切配合，同步开展 BIM 设计。BIM 所建立的 3D 可视化模型可以将机电的施工需求信息化。BIM 模型作为机电系统间的协同平

图 9 应急工程夜景 ●

台，还具备机电作业所需的数量计算、物料采购和分配、施工顺序安排及系统测试等功能，高效解决了图纸内的管线冲突问题，提升了工厂生产和现场装配施工效率。

四、思考

疫情不仅是对医疗体系的挑战，更是对整个社会体系的重大考验。为应对突发性公共卫生事件，类似应急工程建设要在设计、建设、装配式产品体系研发等方面储备应急预案。

1. 储备设计预案

针对今后可能发生的突发事件，应结合此次应急工程经验，建立相应的应急事件应对体系。从总体规划、建设方案、执行标准、相关规范层面制定出一整套完整的政策和设计预案，避免短时间设计带来的缺憾。管理部门应针对此类突发事件，针对性地研究并明确适用条文及办法，作为支撑应急工程建设的法律性保障。

2. 制定建设预案

应急工程的建设是一个巨大的系统性工程，应从建设管理架构、项目实施主体、投资控制及监管等方面进行前期研究，并制定针对性的建设预案。针对建设所需的各项物资及人员储备应纳入整个应急管理体系内统筹规划，并针对可能发生的事件提前预判，适时调整。

3. 装配式产品体系研发与储备

钢结构箱式模块化建造体系在经历了多年成熟建设经验后，在一些大型公共建筑工程，诸如雄安市民服务中心企业临时办公区的建设中，已经得到了验证。但是当这套体系运用于传染病医院这种功能性极强的建筑时，仍面临着诸多的挑战。今后有必要针对应急工程特点，研发针对性产品，重点解决屋面防水、成品卫浴、设备带整合、送排风管网等技术问题，满足医疗工艺所需要求。

4. 注重平战结合

疫情过后，各级政府为完善公共卫生服务体系，应对突发公共卫生事件建设医疗中心，要特别关注平战结合的建设模式。由于传统传染病病区一般采用"三区两通道"模式，病房没有采光通风，平时使用时有一定的局限性，负压病房的建设宜控制合适的数量规模。现有公共卫生医疗中心呼吸病房楼的布局，将半污染通廊置于内环，病患通廊置于中环，并采用分时管理的模式避免医患交叉，在此次疫情救治工作中经受住了检验。为适应平战结合需求，相关各方应结合实践进一步探索前瞻性的建设方案。

设计团队

曹 伟　孙承磊　张　航　沙晓东　侯彦普　袁伟俊　刘海天　李敏慧　钱　洋
朱筱俊　孙　毅　韩志成　方　洋　李斯源　刘　俊　罗振宁　李　响　范大勇
钱　锋　顾奇峰　陈　俊　龚德建　李　骥　臧　胜　章敏婕　包项中　马　杰

参考文献

[1] 中华人民共和国国家卫生健康委员会，中华人民共和国住房和城乡建设部 . 新型冠状病毒肺炎应急救治设施设计导则（试行）[R]. 北京，2020.

[2] 中国中元国际工程有限公司 . 中国中元传染病收治应急医疗设施改造及新建技术导则（第二版）[R]. 北京，2020.

[3] 南京市消防安全委员会 . 关于切实加强市公共卫生医疗中心应急工程消防安全管理工作的建议函 [R]. 南京，2020.

图片来源

图 1 林琨拍摄。

图 2、图 3 东南大学建筑设计研究院绘制。

图 4~ 图 8 作者拍摄。

图 9 指挥部无人机拍摄。

22

体育馆应急改造为临时医疗中心的可行性研究

"体育馆应急改造为临时医疗中心的可行性研究"课题组

体育馆应急改造为临时医疗中心的可行性研究

Feasibility Study on Emergency Transformation of Gymnasium into Temporary Medical Center

"体育馆应急改造为临时医疗中心的可行性研究"
课题组

在当前新冠肺炎疫情不稳定或类似传染病突发事件发生的情况下，针对江苏省域县级市没有配备建设传染病医院的现状，对当地体育馆建筑改造为"临时医疗中心"的可行性进行论证。该研究针对临时医疗中心的定位、功能、设计和改建的技术要求，以某县级体育馆为例，通过方案的试做，简要论证改造的原则、基本内容、改造技术方案、可能遭遇的问题和难点、经费投入、建设周期等，为政府相关决策提供技术支撑。

一、概述

1. 定位

临时医疗中心是以控制传染源、切断传染链、隔离易感人群为基本原则，以科学调配医疗资源、集中收治确诊轻症患者为目的，利用既有建筑改造为患者提供安全、可靠的就医环境，为医务人员提供安全、高效的工作环境的应急性临时医疗场所。

2. 基本要求

响应防疫要求，原则上符合传染病医院的医疗流程；
生物安全、环境安全、结构安全、消防安全；
经济合理、快速建造。

3. 主要服务对象

参与防疫救治的医护人员、经确诊的传染性轻症患者。

4. 基本特点

临时性与应急性；
速建性与可逆性；
大空间、大容量。

5. 临时医疗中心对改建建筑的相关技术要求

（1）选址合理，远离密集活动区，保持安全防护距离，建筑内外市政配套设施完善，具备改造条件。（2）原建筑具备能快速改造为三区（清洁区、半污染区、污染区）的布局模式，满足传染病医疗流程的基本需求。（3）原建筑结构安全，满足相应医疗设施、设备的荷载安装要求。（4）原建筑具备完善的消防设施，改建后满足消防设计规范要求。（5）改建后建筑给排水系统合理，污水考虑收集和处理措施，满足相关规范要求。（6）原建筑通风系统完善，改建后能满足三区的相对隔离，并完善相应的消毒措施。（7）原建筑供电能力满足改建后负荷要求，并按临时医疗中心正常运行增设相应的供电措施。弱电系统完善，改建后要满足医疗流程、消防、信息管理等要求。（8）考虑垃圾处理、病媒消杀、安保措施等方面。

6. 临时医疗救治中心参照的相关规范

《传染病医院建筑设计规范》（GB 50849—2014）；《方舱医院设计和改建的有关技术要求》（湖北省住房和城乡建设厅 2020 年 2 月 6 日下发，鄂建函〔2020〕22 号）；《新型冠状病毒肺炎应急救治设施设计导则（试行）》（中华人民共和国国家卫生健康委员会、中华人民共和国住房和城乡建设部编制印发，2020 年 2 月 8 日）；《关于印发新冠肺炎患者隔离病区设置及感控基本要求的通知》苏防救治〔2020〕7 号；《建筑设计防火规范》（GB 50016—2014，2018 版）；其他相关规范及技术规定。

7. 县级市体育馆的基本特点

1) 选址条件

县级市体育建筑一般为乙级场馆，采用体育馆 + 体育场或体育馆 + 游泳馆 + 体育场的模式。该类项目对于选址、用地规模、交通条件、停车配建等都有较高的要求，为改建为临时医疗中心提供较好的选址优势，通常能满足改为临时医疗中心院的前提条件：（1）良好的交通可达性、室外场地的规模及停车条件易于满足要求。（2）室外出入口利于洁污分流。（3）与周围建筑的防控距离满足要求。（4）室外市政设施配套较为齐全。总体评价：体育馆的选址通常基本满足临时医疗中心的选址要求。

2) 建筑空间特点

（1）乙级场馆一般座席数约2000~6000座，通常比赛场地位于一层，部分场馆比赛场地位于二层，空间模式类似，为应急集中收治的标准化快速改造提供条件。（2）内部空间大，辅助用房层高较高。标准馆比赛场地大空间（包含临时座席）的面积一般为2200~ 3500 m^2，部分场馆另设训练馆。大空间为临时医疗中心提供了较为充足的空间和灵活布置的可能性。通常可以满足设置350~500床的规模，部分较大场馆可以布置接近800床。周围辅助用房层高一般为4.5~7.0 m,以大空间居多，也为改造提供了充分的高度空间和平面灵活性。（3）体育馆分区明确，出入口多，为快速改造为"三区两廊"的布局及区分洁污流线提供较好的条件。总体评价：体育馆的内部空间条件基本满足改造为临时医疗中心的医疗流程要求。

3) 内部设施条件

县级体育馆建筑一般为当地重要的公共建筑，内部机电设施的配套大多较为完备，体现在以下几个层面：（1）机电设施齐全，容量负荷优势明显。（2）室内体育馆一般均采用全空气空调系统，顶送风下侧回风，部分体育馆座席采用座椅下送风侧回风，配套用房一般均采用风机盘管或多联机加集中新风系统。室内通风设施能较好处理分区的要求，同时经过临时调配、改造有可能满足污染区相对负压的建立条件。（3）室内现有给排水设施能满足医护工作的需求，为患者提供的卫浴设施在室外增加标准化成品单元较为便捷。（4）体育馆强电负荷基本能满足方舱医院的需求，若增加大型医疗设备，可考虑临时增加移动电源的方式。（5）弱电机房及设施完善，可通过快速改造的方式满足医疗工艺要求，条件较为有利。总体评价：体育馆内部机电设施的配置经快速、简单改造后能满足临时医疗中心的要求。

8. 体育馆改造为临时医疗中心的主要设计原则

（1）应急性原则：应在功能布局、设备设施及运维等方面体现应急特征；应充分利用工业化建造技术，如采用装配式、模块化、成品等技术措施，就地取材，优先采用当地成熟的施工技术，满足应急防控的需要。（2）安全性原则：应遵循安全至上的原则，保障建筑结构安全、设施设备运行安全、消防安全和环境安全，确保医护人员和患者的安全。（3）合理性原则：应选择在选址条件、建筑空间结构、机电系统等方面具备应急快速改造条件的体育馆，妥善落实医疗流程和使用要求，并充分听取医疗专家的建议，制定合理的改造方案，确保临时医疗设施有效运行。（4）可逆性原则：应充分结合与利用现状空间划分、建筑结构、设备设施、机电系统等，尽量不改动或少改动，制定适宜的改造方案，为后续恢复原使用功能提供便利条件。（5）实操性原则：改造设计应结合当地气候、经济、社会条件，充分考虑设施储备、经费投入、使用效率、施工条件、部门协同等因素，便于快速组织实施。

二、改造案例试做

（1）改造案例的基本情况：本案例研究的研究样本是位于苏中地区的某一县级市近年建成的体育中心。该体育中心包含一个6615座（含临时座席）的体育馆，一个标准的游泳比赛馆及配套的附属设施，规划建设2万人体育场，总用地面积212290 m²(图1)。其体育馆规

图1 某体育馆现状总平面图

模为大型体育馆，体育建筑等级为乙级，能够举办地区级和全国单项比赛。体育馆的固定看台 4697 座，活动看台 1904 座，建筑面积 27844 m²，单层体育建筑，局部地上四层，建筑高度 21.45 m。体育馆距东南侧居民区约 130 m，距东侧居民区约 230 m，中间有绿化带及城市林荫道分隔，满足防控距离要求。（2）交通条件：该体育馆位于场地东南侧，周圈道路环通，西南侧和东北侧可联系城市道路，东侧及北侧临近为停车场，交通条件及室外场地条件较为成熟。（3）现状功能及空间特点：该体育馆高四层，室内空间呈"U"形布局，中部为比赛馆，东侧为训练馆；一层"U"形辅助空间设置运动员、裁判、媒体、办公、产业及辅助功能，南侧、西侧、北侧都设置有出口；辅助空间高度 5.1 m，吊顶高度 3.0 m，中部大厅高度 22~23 m（桁架底部）。（4）室内各分区面积指标：首层共分为五个防火分区，其中比赛馆约 3000 m²，训练馆约 3150 m²，辅助空间三个组团分别约为 1900 m²、1700 m²、1950 m²。大厅空间为临时医疗中心集中收治区提供开阔的空间，辅助空间的面积规模及空间高度满足清洁区及半污染区的要求。

1. 建筑

1）总平面图

医患分离，洁污分离。南侧为医护流线及康复出院流线，东侧出入口为患者住院流线及重症转出流线，原体育馆（改造后的临时医疗中心）北侧出入口平台底部为患者入院入口，设置救护车停靠区域（上有平台作为雨棚），北侧出入口为污物送出流线。

2）出入口

医患分离，洁污分离。西侧为医护出入口及洁净物品入口，东北侧为病人入口，入口外设置救护车停靠区域（上有平台作为雨棚），东侧为重症出口，东南侧设置物资出入口及康复出院出口，东侧南部出入口为污物送出流线。

3）功能分区

明确分区，避免交叉。对应原有空间的功能分区和防火分区进行三区域的排布。其中西侧绿色区域为清洁区，设置医生办公、休息、值班等功能；粉色大空间为污染区，设置轻度、中度及重度病床；黄色区域为半污染区，南北各设置一组，分别设置医生办公、治疗、护士站等功能；清洁区到半污染区设置卫生通过，半污染区与中部病房区设置缓冲间隔离，保证医护安全。清洁区利用原空间不做改动，半污染区采取局部改动的方式，通过在建筑外侧设置成品模块单元实现洁净区到半污染区的卫生通过；患者卫浴设施也采用成品单元，设置于污染区临近东侧的室外场地上。

4）洁污流线

物品分区，进出隔离。根据三分区的布局方式，在清洁区设置洁净物品库，在靠近污染区南侧设置病患生活物资库，在污染区东南侧设置污物存放点，并通过东侧的污物出口装车外运。

5）患者收治区

组团分区，护理高效。整体设置368床，分为十个单元组团，每个组团少于 42 床，其中待转运重症 14 床；通过智能化的管理措施进行床位安排，老弱人群靠外侧（临近卫生间）；待转运重症区采用独立出口；南侧康复区观察区设置单独康复出院口。

6）管网集成

管网集成，安装高效，使用合理。采用应急设备带的方式集成强电、弱电，便于移动 B 超、心电图等接电，满足智能呼叫、管理等功能要求；在待转运重症区设置医用气体设备带。排风管设置于隔断上部，采用轻钢支架，下部设置垂直排风口，保障病床位床头的负压效应，减少交叉感染。排风管采用 PVC 管，方便施工。桥架上部设置照明设施，为检查提供充足照明。采用模块化单元，快速便捷，医护卫生通过及病患卫生、洗浴采用厢式模块化成品，提高应急转换效率（图 2）。

7）对现有建筑的改造部分

利用现状，有限可逆改造，满足医疗流程。充分利用现有空间，尽量不动或较小改动，满足医疗流程要求，为疫情结束后恢复原有功

图 2 病患卫浴模块

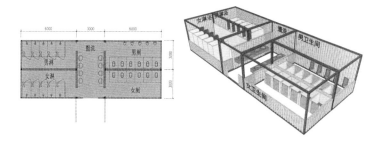

能提供便利：（1）清洁区不改动。（2）半污染区局部改动，利用现有给排水设施增设临时洗手台。（3）卫生通过、患者卫浴设施采用成品模块，在室外增设。（4）病患收治区不预留医护用洗手台，采用洗手液的方式，避免增设给排水管道。

8）建筑应急改造的问题与难点

（1）室外须增设卫生通过、患者卫浴设施模块等硬质场地，底部需做防渗处理。（2）半污染区局部增加轻钢龙骨隔墙，此部分后期需拆除。（3）局部墙体为满足机电改造要求会进行开洞，后期须二次恢复。（4）医护室外卫生通过及患者卫浴设施需专业厂家快速研发并生产。

2. 结构

1）改造原则

原则上应选取设计资料较完备的体育馆进行改造，并应加强对原有主体结构的保护，以复核设计荷载和原结构承载力为主，必要时以加固改造为辅。

2）改造实施步骤和应对措施

（1）调取原结构图纸和原始设计资料，了解原结构体系和使用荷载分布。（2）对改造后的功能区进行复核。上部结构：①复核各功能区域使用荷载是否超出原设计荷载。②在楼面上布置隔断时，根据隔断的材料和布置进行复核并确定是否需要处理（加固）。③户外有新增卫生间或过渡房间，宜考虑采用整体装配式轻钢结构。④医疗使用的大型设备对基础和大型移动设备行进路线有要求时，对其基础和行进路线进行单独复核及特别处理。⑤设备专业相关新增设施的复核与改造：水专业尽量避免新增集水坑；暖通风口尽量利用原体系，减少对原楼板的开洞；暖通新增机房须复核荷载；电新增机房或发电机房须复核荷载。改造案例分析：改造案例中选取了体育馆的地面层进行改造，经复核，改造区域的荷载均未超出原设计荷载，并能基本满足设备专业的改造需求。地基基础：①改造区域在楼层位置或在地面层但是下部有地下室时，如果上部结构荷载有增加，须对原结构的地基基础进行复核；若不满足则尚须调整布置方案或采取加固措施（尽量避免）。改造案例分析：本案例改造场地位于地面层，且无地下室，荷载直接落在地上，对原基础无附加不利影响，不用对原结构的地基基础复核。②对于户外有新增卫生间或过渡房间，须勘察现场并复核评估原地坪基础是否适合；如不能直接利用现有地坪条件，则考虑新增一体化刚性地坪。改造案例分析：改造案例场地条件较好，可考虑仅对原地坪进行防渗隔离后直接加以利用。（3）新增装配式结构的设计、安装与防腐：①建筑新增的隔墙或隔断应尽量采用成品轻质的可拼装墙板或分隔材料，安装稳固，连接紧密。比赛大厅新增的隔断应尽量减少对原有地面造成损伤。②户外有新增卫生间或过渡房间采用整体装配式轻钢结构时，应满足现行轻钢结构的设计和安装规范要求。③新增改造钢结构的部分处于露天时应做好局部防腐处理。

3) 结论

从结构的角度，体育馆尤其是比赛场地在一层时改造为临时医疗中心技术上是可行的，并建议选择地面层作为改造场地。

3. 给排水

1) 改造原则

（1）在尽可能不影响后续使用的情况下进行局部改造，增设设备和系统，以满足临时医疗中心的使用要求，后续能便捷拆除。（2）确保安全性，选择合理的给排水系统。充分利用原有卫生设施和给排水系统为医护人员使用，在原有建筑之外增设成品化卫生设施和给排水系统为病人使用，保障医护、病人的安全。

2) 改造内容

（1）给水：新增污染区卫生洗浴模块的冷水、热水系统，污染区内部的饮用水供水系统。（2）消防：新增污染区内部的消防软管卷盘、建筑灭火器等消防设施。（3）排水：新增污染区卫生洗浴模块的污水收集及消毒处理系统；污染区、半污染区的空调冷凝水集中收集消毒系统。（4）车辆冲洗排水：新增接收入院、重症转院两个出入口处的车辆冲洗排水收集消毒系统。

3) 改造方案

（1）给水系统：新增供水系统采用断流水箱加增压水泵的给水方式，主要供给新增的用水设备和消防卷盘。采用箱泵成品化设备，针对不同病床数可模块化选择水箱及水泵大小（设备设置在室外清洁区）。（2）热水系统：新增热水系统采用水罐＋空气源热泵集中供热系统，主要用于病员洗浴。针对不同病床数采用标准化模式选择热泵、水罐的型号及数量（设备设置在室外清洁区）。（3）开水系统：方案一，在每个病区设置两台电开水炉供应开水；开水炉可设置于污染区外侧靠墙体处，方便供水管道的安装；方案二，在每个病区设置两台直饮水机，在污染区外侧靠墙体处设置；方案三，在污染区设置桶装饮用水，考虑空气会进入桶装水罐，建议此桶装饮水机只提供开水。（4）消防系统：原建筑消防设施正常使用。病员组团外侧增设消防软管卷盘。按照严重危险级配置建筑灭火器。改造方案内若设置 CT 室，则 CT 室设置七氟丙烷预制式气体灭火装置。（5）排水系统：原有排水设施提供给医护人员使用，排水系统不作调整。原室外雨污水排水系统基本保持不变；原建筑物外新增的卫生洗浴模块须配套排水收集消毒处理系统，消毒处理系统采用成套化设备；新增的室外污水排水管网采用无检查井的管道连接方式，并设置通气管及清扫口。通气管设置间距不大于 50 m，通气管端部设置高效过滤器及紫外线消毒灯。（6）空调冷凝水系统：清洁区全新风系统不需要特殊处理，用原有建筑空调冷凝水排水管道收集即可；半污染区、污染区的多联机或分体空调等系统冷凝水须通过管道集中收集后消毒处理。（7）车辆冲洗及消毒：接收入院、重症转院两个出入口防护区内的车辆冲洗排水集中收集，就近排入车辆冲洗消毒模块，经消毒处理后排入市政污水管网。出入口防护区内的地面加强消杀作业。

4) 污水处理方案

（1）污水处理：原建筑物外新增的卫生洗浴模块配置成套化污水消毒处理设备，消毒设备设置于室外绿化草坪区域，方便施工。消毒设备消毒时间不小于 2 h。污水消毒处理后达到《新型冠状病毒肺炎应急救治设施设计导则（试行）》中相关要求后排至市政污水管。

（2）雨水处理：在接收入院、重症转院两个出入口防护区内的车辆停放点、冲洗点就近设置车辆冲洗消毒模块，车辆冲洗用水经消毒处理后排入市政污水管网。出入口防护区内的地面加强消杀作业。

（3）空调冷凝水处理：半污染区、污染区的多联机或分体空调等系统冷凝水须通过管道集中收集后消毒处理。

5) 问题和难点

（1）污水消毒处理的成品化、装配式：污水消毒处理需要满足成品化、装配式及施工安装周期快速化的要求，处理效果达到相关排放标准的规定。污染区卫生洗浴模块及配套的污水消毒设备的安装周期大约为 7 天。通过合理布置室外卫生洗浴模块及污水消毒处理系统的位置，尽可能缩短室外新增污水排水管的长度及施工周期。

（2）空调冷凝水的收集与处理：半污染区、污染区的多联机或分体空调系统的冷凝水须通过管道集中收集后消毒处理，因为空调机位布置相对分散，冷凝水收集管道需要新设并相对较长，与室外污水处理设备的距离不尽相同。

4.暖通

1）改造原则

充分利用原有的空调通风系统，在最短的时间内以最小的成本改造成满足使用要求的临时医疗中心，从而实现有效控制传染源、最大限度救治患者的目标。

2）改造内容

（1）体育馆比赛场地和附馆训练场地改造成患者收治区，需改造空调通风系统满足使用要求（污染区）。（2）体育配套用房改造成医护人员工作区，须改造空调通风系统满足使用要求（半污染区）。（3）压力梯度须保证空气从清洁区流向半污染区再流向污染区。

3）改造方案

（1）体育馆比赛场地和附馆训练场地改造成患者收治场所（污染区）：①须计算整个患者安置区所需机械送排风量。排风量按换气次数不小于 12 次 /h（以 2.5 m 高度为计算依据）计算确定；送风量为排风量的 80%，将原有的全空气系统全部切换为全新风运行模式，关闭回风阀，全开新风阀，同时送风机变频（或者台数控制）调整风量至所需送风量。②尽量利用原有的排风系统机械排风机，如无法利用原有的排风系统风机时，应增设排风系统，排风机设置在室外，做好安全防护措施。③待转运重症帐篷区按照定型产品的要求设置机械送排风系统，排风量按换气次数不小于 12 次 /h 计算确定。④患者区排风口宜通过立管引至地面，形成上送下排的有序气流组织，风管可考虑采用成品风管或 PVC 管等容易采购、能快捷安装的管道。⑤如因时间紧迫等原因，无法安装风管，无法增设排风机，可考虑开启排烟风机的方式，保证排风量大于送风量（不推荐该方式）。

（2）体育配套用房改造成医护人员休息区（清洁区）和工作区（半污染区）。①清洁区和半污染区应按照原建筑防火分区划分，以减少通风及排烟系统的改动工作量。②卫生通过的缓冲间采用模块化成品方式设置在室外，相应的送排风机及风管均为成品配套。③清洁区尽量不改造，保留原新风系统，关闭原排风系统，保持正压。④半污染区保留原新风系统，增设排风系统，排风量大于送风量，保持负压。半污染区的最小换气次数（新风量）应不小于 6 次 /h，每个房间的排风量应大于送风量 150 m^3/h。⑤压力梯度须保证空气从清洁区流向半污染区再流向污染区。

（3）消毒、过滤、进排风口、封堵措施。①污染区、半污染区排风系统排风口须设高效过滤器，同时应校核原通风机组的风压是否满足要求。②污染区、半污染区集中空调、新风系统应使用空气净化消毒装置。有条件时空调机组、新风机组可设置亚高效过滤器以上等级的空气过滤器。③室外排风应高空排放，排风口与进风口水平距离不得小于 20 m，或垂直距离不得小于 6 m。④不改造、不使用的区域要仔细检查，隔断一切与使用区域连接的风管、水管，防止病毒流出。

（4）改造完成后的运行措施。①患者安置区域的空调系统由回风工况调整为全新风工况，送风温度达不到要求，可考虑全开空调机组供回水阀，提高供回水温差等措施。②每个隔离病房区域设置若干台具有杀菌消毒功能的空气净化器。③根据实际情况需要设置升温设施的可设置若干台电热油汀或电热毯。

4）改造时须注意事项

（1）清洁区尽可能不加以改造，遵循能直接使用就直接使用的原则。（2）污染区、半污染区可采用原有的空调系统全新风模式运行，增设空气净化消毒装置，以达到快速安装、减少改造工作量的目的。

（3）污染区、半污染区机械排风系统尽量采用原有的排风机，新增设的风管要遵循安装快捷、不影响通行、尽量少穿墙打洞的原则。

（4）污染区尽量保证室内的气流组织为上送下排，排风口设置在患者安置区的下方。如因时间紧迫等原因，无法安装风管，无法增设排风机，可考虑开启排烟风机的方式，但须保证排风量大于送风量（不推荐此方式）。（5）压力梯度须保证空气从清洁区流向半污染区再流向污染区。

5. 电气

1）改造原则

（1）严格按照临时医疗救治中心感染防控及诊治对电气设施的要求，建设相应的变配电及应急供电系统、照明系统、接地与安全系统、电气消防系统等。（2）充分利用原有供电电源、配电系统，根据临时医疗中心用电要求进行电气改造设计，并兼顾建设方便快捷、设备采购方便，满足应急需求。

2）改造内容

改造内容包括：（1）变配电系统；（2）应急电源系统；（3）照明系统；（4）消防应急照明和疏散指示系统；（5）接地与安全系统。

3）改造方案

（1）变配电系统：①江苏省电网建设完善，多数县级体育馆均采用双重 10 kV 或 20 kV 城市电网供电，满足临时医疗中心供电等级要求。由于涉及体育馆局部区域改造，多数体育馆变电所原变压器容量能够满足临时医疗中心用电需求。改造项目在保留原供电电源及容量的基础上，建设临时专用低压配电间，按照临时医疗救治中心用电需求进行对应配电设计与建设。②针对少数县体育馆仅有单路 10 kV 或 20 kV 城市电网供电，电源容量不够的问题，应采用建筑物室外增设室外箱式变电站（工厂预装式变电站）的方式予以解决。（2）应急电源系统：多数县级体育馆都没有设置自备柴油发电机组，改建临时医疗中心时应增补，应采用室外箱式静音型柴油发电机组。对于不允许中断供电、复供电时间要求 0.5 s 以下的设备，须选配 UPS 不间断电源装置，UPS 容量要满足持续供电时间不小于 15 min。（3）照明系统：大空间医疗场所采用线槽式灯具，病房及病房区走廊设置夜灯等夜间值班照明，手术室、抢救室、重症监护室设置安全照明。医疗场所及其他需要灭菌消毒的场所须设置紫外杀菌灯或空气灭菌器插座。（4）消防应急照明和疏散指示系统：采用安全电压、蓄电池组集中供电、集中控制型应急照明系统。（5）接地与安全系统：临时医疗中心的保护接地、功能性接地和屏蔽接地等采用共用接地装置，可利用体育馆已建的共用接地装置。改造时须实测建筑物原有共用接地系统接地连接情况，确定其满足应急改造临时医疗中心的接地与安全要求。

4）结论

对原建筑物内的电力系统改造、完善和提升，从技术和施工建设方面考虑，没有问题。为了便于项目安全可靠和快速实施，改造设计中会更多地选用集装式、一体化成套电气设备，当同期同类型建设项目较多或建设周期短时，须重视设备的供货周期。

6.智能化

1）改造原则

（1）严格按照临时医疗救治中心感染防控及诊治的要求，建设相应的医疗信息化系统、安全防范系统、出入口管理系统、建筑设备监控系统、远程会诊（会议）系统、隔离区患者探视系统等。（2）充分利用已建的智能化系统、智能化机房及相关设施。（3）医疗信息化系统自成体系。

2）改造内容

（1）可用资源：可用资源有已建的火灾自动报警系统、广播系统、移动通信信号覆盖系统、公共信息网络系统、电话交换系统、安全防范系统、信息网络机房、消防安防控制室、桥架管路。上述系统不改或少量改造即可投入运行。（2）新建系统：新建系统有医疗专用网络系统、护理呼应信号系统、病房探视系统、会诊（会议）系统、视频监护系统、视频监控系统、出入口控制系统、建筑设备监控系统、临时管路工程。

3）改造方案

（1）有线网络系统：包括公共信息网络、医疗专用网络和设备专用网络。可充分利用已建的公共信息网络与设备专用网络系统，仅完善布线；新建医疗专用网络系统。（2）无线网络系统：优先建设用于医疗办公的专用无线网络；有条件时可在已建的公共信息网络基础上增设 AP 设备，为患者提供无线上网服务。（3）电话交换系统：利用已建的电话交换系统完善布线。（4）布线系统：工位区、病房区的信息插座与传输布线系统按照《呼吸类临时传染病医院设计导则（试行）》的要求设计。（5）护理呼应信号系统：重症病区应设置护理呼应信号系统；轻症病区可根据护理的需要设置护理呼应信号系统。系统优先采用总线或无线形式。（6）病房探视系统：病区内配置移动式无线探视小车，家属可通过接待处的探视终端或手机 APP 实现远程探视。（7）会诊（会议）系统：会诊室设置远程会诊（会议）系统，实现远程会诊、视频会议及紧急调度指挥功能。（8）视频监护系统：重症病区设置视频监护摄像机及拾音器，对病人的动态和护理情况进行监控和记录；轻症病区可根据护理的需要设置视频监护摄像机及拾音器。（9）安全防范系统：利用已建的安全防范系统对医疗区域周边进行安全管理。在医疗区域内增设摄像机和一键报警装置，实现安防监控、病房监护、求助报警等功能。可根据管理要求在入口处配置体温检测安检门。（10） 出入口控制系统：在医患通道、污染与洁净区的过渡处设置出入口门禁，采用非接触式CPU卡或手环作为识别载体。(11)建筑设备监控系统根据医疗区域规模及设备特点确定是否配置建筑设备监控系统。该系统实现通风机组自动控制、区域正负压监测与报警等功能。

7. 投资估算

改造内容包括建筑工程、成品卫生通过及卫浴设施、标识工程、给排水工程、污水处理、车辆冲洗用水处理、暖通工程、电气工程、智能化工程及室外管网改造（不含医疗设备）。经初步测算，保证基本运行模式，造价约为 566 万元，若进行机电设备提升以改善病患舒适性、信息化管理等，造价约为 770 万元。

三、结论

对于没有传染病医院的县级城市，在应对类似新冠肺炎突发性公共卫生事件的特定状况下，选择适宜的体育馆建筑应急改造为临时医疗中心，集中隔离、收治轻症患者，对有效控制传染源和医治是一种有效的应急手段。

注： 本课题是在江苏省住房和城乡建设厅部署和指导下紧急开展的研究工作，是《公共卫生事件下体育馆应急改造为临时医疗中心设计指南》编制工作的前期研究部分，基于单一案例样本研究的结论可能并不具备完整的类型覆盖性。在该案例研究的同时，南京大学建筑与规划设计研究院和江苏省建筑设计研究院并行开展了另外两个县级市体育馆应急改造为医疗中心的可行性研究，并共同作为江苏省《公共卫生事件下体育馆应急改造为临时医疗中心设计指南》编制工作的基础。

课题策划

江苏省住房和城乡建设厅

课题组成员

韩冬青　曹　伟　侯彦普　吉英雷　张咏秋

陈　俊　臧　胜　李　骥　梁沙河　韩重庆

高　崧　刘　俊　龚德建　范大勇　殷伟韬

袁　俊　刘永刚　章敏婕　朱筱俊　王智劼

史旭辉

课题研究时间

2020 年 2 月

公共卫生事件下
体育馆应急改造为临时医疗中心
设 计 指 南

Design Guideline for Emergency Transformation of Gymnasium
into Temporary Medical Center

主持单位

江苏省住房和城乡建设厅

主编单位

东南大学建筑设计研究院有限公司
南京大学建筑规划设计研究院有限公司
江苏省建筑设计研究院有限公司

前言
Preface

　　2020 年暴发的新型冠状病毒肺炎，严重危及人民群众的身心健康，留给社会许多反思。城市如何在可能发生的突发公共卫生事件中，快速应对，最大程度保障人民群众的生命健康，维护社会秩序，需要全社会提出面向未来的应对策略。

　　医院根据地域、人口、交通、经济及城镇化格局等因素配建，设区市设有传染病院，县级城市没有设置要求。如有疫情暴发，医院难以满足救治需要，而传染病医学要求是就地治疗。因此，如有疫情暴发，扩容扩建是疫情所在地医院的必然选择。此次新型冠状病毒肺炎和当年非典疫情的应对都是如此。立足当下，着眼未来，提前储备建设预案，将城市既有大型建筑快速改造为"战时"临时医疗中心，实现应急状态下的快速建设，为救治赢得宝贵时间。这也是贯彻落实习近平总书记"要平战结合、补齐短板，健全优化重大疫情救治体系"重要指示精神的具体举措。

　　临时医疗中心作为医院补充，主要功能是迅速收治轻症病人。应优先选择基础设施条件好、交通便捷、结构安全、空间大、与居民区有一定距离的大型公共建筑；建筑功能分区清晰，不同人群流线不交叉，便于组织医护和病人的独立流线。综合分析，体育馆地块独立，空间开敞，有多个交通疏散通道，基础设施齐全，建筑容量大，功能分区明确，有不同的出入口和流线，具备快速改造为具有一定床位规模的临时医疗中心的基础条件。相比宾馆和宿舍改造，体育馆改造对周边居民干扰少，可布置床位多，医疗护理流线短，医护照料效率高。目前，我省各县（市、区）均建有体育馆，建筑规模绝大多数为 3000 个座位以上，具备"战时"应急改造为临时医疗中心的资源基础。

新冠肺炎疫情发生后，江苏省住房和城乡建设厅迅速确立并组织了"应急状况下城市既有建筑应急转换为医疗救治中心的课题研究"，迅速组织东南大学建筑设计研究院、南京大学建筑规划设计研究院、江苏省建筑设计研究院三家单位，开展了子课题"体育馆应急改造为临时医疗中心"的可行性研究。三家单位迅速成立了多学科研究团队，以现有体育馆为实例分别开展可行性论证。经过独立严谨的实例论证，三家单位的研究结论一致：体育馆经系统的设计和改造，能以较小的投入、较短的工期，改造为有一定规模且满足防疫要求的临时医疗中心。基于此，江苏省住房和城乡建设厅随即组织三家单位迅速深入研究并联合编制《公共卫生事件下体育馆应急改造为临时医疗中心设计指南》（以下简称《指南》），为全省各地开展相关应急改造的设计工作提供技术指导。

《指南》立足应急性、安全性、合理性、可逆性和实操性，系统阐述了既有体育馆应急改造设计的技术要点。《指南》可作为设计单位的技术参考，也为业主和使用者提供工作参考。设计单位在具体的改造设计中，要因地制宜，从项目实际出发，准确把握《指南》要点。限于时间，《指南》内容难免挂一漏万，敬请指正。我们将在吸收大家意见建议的基础上，进一步校核、修改和完善。

江苏省住房和城乡建设厅

2020 年 2 月 26 日

目录
Contents

一、总 则 ··· 327

　　1.1 背景 ··· 327

　　1.2 体育馆建筑特点 ······························ 327

　　1.3 适用范围 ······································· 328

　　1.4 相关规范要求 ································· 328

　　1.5 总体原则 ······································· 329

二、术 语 ··· 330

　　2.1 临时医疗中心 ································· 330

　　2.2 医护休整区 ···································· 330

　　2.3 患者集中收治区 ······························ 330

　　2.4 清洁区 ··· 330

　　2.5 半污染区 ······································· 330

　　2.6 污染区 ··· 330

　　2.7 缓冲间 ··· 331

　　2.8 医护卫生通过 ································· 331

　　2.9 重症隔离区 ···································· 331

　　2.10 康复观察区 ··································· 331

　　2.11 接诊区 ·· 331

　　2.12 负压隔离单元 ······························ 331

　　2.13 三区两通道 ··································· 331

三、选址与总平面设计 ·· 332

   3.1 既有体育馆改造条件评估 ·································· 332

   3.2 场地临时改造要点 ·· 332

四、建筑设计 ·· 333

   4.1 设计原则 ·· 333

   4.2 主要设计内容及技术要点 ·································· 333

   4.3 相关技术方案及建议 ······································ 335

五、结构与构造设计 ·· 337

   5.1 设计原则 ·· 337

   5.2 主要设计内容及技术要点 ·································· 337

六、给水排水设计 ·· 338

   6.1 设计原则 ·· 338

   6.2 主要设计内容及技术要点 ·································· 338

   6.3 相关技术方案及建议 ······································ 340

七、通风与空调设计 ·· 341

   7.1 设计原则 ·· 341

   7.2 通风空调系统 ·· 341

   7.3 气流组织与压差控制 ······································ 342

   7.4 相关技术方案及建议 ······································ 343

八、电气设计 344

8.1 设计原则 344

8.2 主要设计内容及技术要点 344

8.3 相关技术方案及建议 346

九、智能化设计 347

9.1 设计原则 347

9.2 主要设计内容及技术要点 347

9.3 相关技术方案及建议 348

十、建设、运行和维护 350

10.1 建设 350

10.2 运行和维护 350

十一、设计概算 351

十二、附录 352

附录 1：医疗类建筑相关规范及标准 352

附录 2：相关医疗设备 354

附录 3：相关技术图示 355

一、总 则

1.1 背景

新型冠状病毒肺炎严重危及人民群众的身心健康,也给社会带来深刻的反思。医院一般根据地域、人口、交通及城镇化格局等因素配建,如有疫情暴发,医院无法满足暴发式的救治需要。因此,将城市既有大型建筑快速改造为临时医疗中心是应对突发性公共卫生事件的必然选择。立足当下,着眼未来,提前储备应急改造的建设预案,实现应急状态下的快速建设,有助于赢得宝贵的救治时间,最大程度地避免医疗救治延误。

贯彻落实习近平总书记"要平战结合、补齐短板,健全优化重大疫情救治体系"重要指示精神,根据我国《突发公共卫生事件应急条例》,按照"预防为主、常备不懈"的方针,针对江苏省各市县(县级市)均已建设体育馆或体育中心,但县级城市没有设置传染病院的要求和现状,为加强应对突发性公共卫生事件的设计和建设预案的科学性和有效性,特编制《公共卫生事件下体育馆改造为临时医疗中心设计指南》(以下简称《指南》),为临时应急性改造救治场所的设计及相关工作提供指导和参考。

1.2 体育馆建筑特点

体育馆建筑是城市重要的公共设施之一。一般占地面积较大,与周边其他功能区及建筑有一定距离,相互干扰少。对外交通便捷,内部场地开敞、停车便捷、交通顺畅。给水排水、供配电、通信等市政设施齐全;室内空间开阔高大,内部功能分区明确,各分区出入口和交通流线相对独立,又联系便捷;室内水、电、暖、通信、消防、无障碍等基础设施齐全，各功能区配套设施齐全且相对独立。在城市突发公共卫生事件的状况下，有利于救护和有关车辆快速进出与停放；有利于在室外场地进行临时设施搭建；室内场地能布置较多的医疗床位，各功能区可改造为既独立又关联的具有相关医疗功能的用房。基于上述特点，体育馆有快速改造为具有相当规模临时医疗中心的基础条件。

1.3 适用范围

体育馆应急改造为临时医疗中心，是为了应对突发传染性公共卫生事件，收治对象为已确诊的轻症患者。本《指南》适用于江苏省各县（市）的体育馆应急改造为临时医疗中心的工程改造设计。

对于意外灾害等非传染性的应急救治改造，《指南》中专门针对传染性疫情所提出的相关设计要点不予采用，改造设计需要对针对传染性疫情所完成的设计预案进行调整和选择性运用。

1.4 相关规范要求

本《指南》以应对突发传染性公共卫生事件为假设前提。为此而进行的改造设计预案必须遵守控制传染源、切断传播途径、隔离易感人群的基本准则，同时原则上应满足国家和江苏省现行有关设计规范、标准的规定（相关规范、标准详见附录1）。如应急改造由于现状条件及临时应急性特点等原因无法满足改造要求时，应确定合理的设计依据和标准，不得降低医疗业务流程及感染控制等卫生防疫要求和性能标准，必要时组织专项技术论证，并应征得各相关行政主管部门许可后实施。

1.5 总体原则

1）**应急性原则**：应在功能布局、设备设施及运维等方面体现应急特征；应充分利用工业化建造技术，如采用装配式、模块化、成品等技术措施，就地取材，优先采用当地成熟的施工技术，满足应急防控的需要。

2）**安全性原则**：应遵循安全至上的原则，保障建筑结构安全、设施设备运行安全、消防安全和环境安全，确保医护人员和患者的安全。

3）**合理性原则**：应选择在选址条件、建筑空间结构、机电系统等方面具备应急快速改造条件的体育馆，妥善落实医疗流程和使用要求，并充分听取医疗专家的建议，制定合理改造方案，确保临时医疗设施有效运行。

4）**可逆性原则**：应充分结合与利用现状空间划分、建筑结构、设备设施、机电系统等，尽量不改动或少改动，制定适宜的改造方案，为后续恢复原使用功能提供便利条件。

5）**实操性原则**：改造设计应结合当地气候、经济、社会条件，充分考虑设施储备、经费投入、使用效率、施工条件、部门协同等因素，便于快速组织实施。

二、术语

2.1 临时医疗中心

为应对突发公共卫生事件、灾害或事故快速建造的能有效实施医疗救治的临时场所。

2.2 医护休整区

医护人员的休息、调整、生活区。该区域属于清洁区。

2.3 患者集中收治区

患者集中隔离、治疗的病区。该区域属于污染区。

2.4 清洁区

医护人员开展工作前后、临时办公、居住停留以及洁净物品存储的区域。

2.5 半污染区

医护人员经卫生通过后的工作区，包括办公、诊疗、护士站、治疗处置间、临时休息等用房。

2.6 污染区

集中收治患者的病区以及患者通过的有病毒污染的区域，也是医护人员对患者进行诊疗、护理及污物暂存、处理的区域。

2.7 缓冲间

清洁区、半污染区、污染区等相邻空间之间设置的有组织气流并形成卫生安全屏障的间隔空间。

2.8 医护卫生通过

位于清洁区与半污染区之间,医护人员经更衣、沐浴、换鞋、洗手等卫生处置的通过式空间。

2.9 重症隔离区

病区内独立设置的临时重症隔离区,为待转院患者提供的隔离空间和救治空间。

2.10 康复观察区

病区内独立设置的,为患者康复出院前提供的临时观察区。

2.11 接诊区

完成接受患者的相关工作程序的区域。

2.12 负压隔离单元

在病区内为重症患者设置的全封闭负压隔离空间。

2.13 三区两通道

"三区"指清洁区、半污染区、污染区,"两通道"指医护通道和患者通道。

三、选址与总平面设计

3.1 既有体育馆改造条件评估

3.1.1 应避免与高密度居民区、学校等人员密集活动区直接相邻。

3.1.2 远离水源保护地。

3.1.3 与周边建筑物之间应有不小于 20 m 的隔离间距。

3.1.4 具备完善的市政设施或改扩建条件，市政污水和雨水管线分设。

3.1.5 建筑使用正常，比赛场地宜位于地面层。

3.1.6 结构安全可靠。

3.1.7 设备、设施配套齐、安全可靠且运行正常。

3.2 场地临时改造要点

3.2.1 临时医疗中心实行全封闭管理。

3.2.2 合理利用现有场地的各出入口，合理进行功能分区，合理组织洁污、医患、人车等流线，避免交叉感染。

3.2.3 应妥善处理废水、废弃物，满足卫生防护和环境安全要求。

3.2.4 场地出入口附近应布置救护车冲洗消毒场地。

3.2.5 场地内临时设置的医护人员卫生通过用房、病人卫浴用房等，应严格做好防护。

四、建筑设计

4.1 设计原则

4.1.1 充分结合和利用既有建筑的空间划分、功能布局、建筑结构、设施设备、机电系统等，在满足临时医疗中心使用功能的前提下，建筑内部改动尽可能采用可逆的快速改造。

4.1.2 必须新增的医疗辅助设施优选在体育馆建筑外部设置。

4.1.3 功能分区与流线组织必须符合控制传染源、切断传播途径、隔离易感人群的相关要求。

4.2 主要设计内容及技术要点

4.2.1* 功能分区

改造设计应严格符合"三区两通道"的要求。污染区和半污染区均为隔离区。清洁区与隔离区之间应严密分隔，并设置相应的卫生通过和缓冲间。清洁区、半污染区、污染区宜分别布置在原体育馆的不同防火分区内，以减少改造工作量。

4.2.2* 流线与流程

严格遵循医护人员与患者流线分设、清洁物流和污染物流分设的原则，严防交叉感染。结合医护人员工作流程，应按清洁区→半污染区→污染区顺序，合理组织流线；患者入院与出院流线应分设，重症患者转运出口应独立设置，并与康复患者区域及出口通道保持 20 m 以上距离。

4.2.3 各功能区设计要点

1）接诊区应设置消毒、安检、个人物品寄存、患者男女更衣室。

2）集中收治区应设置病床区、处置室、抢救室、备餐间、被服库、饮水处、临时污物存放间等。病床区应分单元管理，每护理单元设置床位数不宜大于42床，病床间距宜为1.2～1.5 m，病床间通道不应小于1.4 m，病床与隔墙之间的通道不应小于1.1 m（图1）。

病床区内应分区设置待转运危重症患者或其他需要单独救治病患隔离区和康复患者出院前观察区。

3）医护工作区应设置护士站、医护办公、治疗、配药、处置室等空间。在隔离区内尽量设置医护临时休息。隔离区内用水设施宜靠外墙布置，便于排水管道敷设。

4）*医护卫生通过分为进入限制区卫生通过和返回清洁区卫生通过。进入限制区卫生通过应按照感控流程按顺序设置工作服一次更衣间→防护服二次更衣间→缓冲间。返回清洁区卫生通过应按照感控流程按顺序设置缓冲间→脱隔离服更衣间→脱防护服更衣间→脱制服更衣间→男女卫生间、淋浴间→一次更衣间。

5）医护休整区应设置男女更衣室、卫生间、配餐室、医护休息室。

6）后勤保障区应设置洁净物品库房、普通物资库房、污水处理设备用房。

7）废弃物暂存间宜独立设置或对外有直接出入口。生活垃圾与医疗垃圾应分设。

8）患者盥洗卫生间应设盥洗区、男女卫生间、男女淋浴间。患者盥洗卫生间距离最远病床不宜超过50 m，男厕宜每20人配备一个蹲位和一个小便斗，女厕宜每10人配备一个蹲位。

4.2.4 无障碍设计

场地与建筑应满足无障碍使用要求。主要出入口及内部医疗通道应有到达各医疗区域的无障碍通道。既有建筑内部通道有高差处应采用坡道连通，坡度符合无障碍通道要求，并确保移动病床及医护人员同时通过的必要宽度。

4.2.5* 消防设计

应符合现行国家及江苏省相关规范、标准的规定。

1）病床区内各围合护理分区应不少于两个疏散口，分区内任一点至分区疏散口的距离不大于 30 m，分区之间应形成消防疏散通道，分区之间消防疏散通道宽度不宜小于 4 m。分区内通道及疏散通道地面应粘贴地面疏散指示标志。分区隔断材料应选用防火材料，高度不宜小于 1.8 m。

2）改建后各楼层或高大空间内容纳的人数应根据现有疏散楼梯及安全出口的疏散宽度确定，疏散楼梯间或高大空间安全出口净宽度按不小于 1 m/100 人计算。

3）应急改造时采用的装配式设施的柱、梁、檩等结构构件的耐火等级应由产品供应商提供相关消防性能检测报告，并应满足现行规范要求。

4.2.6 标识

应根据患者与医护人员的不同行为进行不同类型的标识提示，包括各功能区、行为要求、疏散路径、床位导示、洁污分区、洁污流线、污废处置要求和关键作业流程要求等。标识应醒目清晰。

4.3 相关技术方案及建议

4.3.1 合理利用原体育馆设施

改造设计要合理利用体育馆原有设施，以下三个区域原则上应根据原防火分区、空调系统分区划分。

1）污染区：利用体育馆高大空间（内场）集中收治病患。

2）半污染区：利用体育馆的辅助用房设半污染区，以满足最基本的医疗用房为原则。

3）清洁区：利用体育馆的辅助用房设清洁区。

4）充分利用体育馆各功能流线出入口，严格遵循医护人员与患者流线分设，清洁物流和污染物流分设的原则，严防交叉感染。

结合原体育馆的场地条件、规模、空间布局特点进行因地制宜的改造设计。图2、图3、图4为不同的改造设计示例，仅供参考。

4.3.2 须局部新建的医疗辅助设施

新建医疗辅助设施优选在体育馆外增建，并宜采用集装箱式装配建造方式。新建医疗辅助模块可分为：

医护卫生通过模块（图5）；

病患卫浴模块（图6）；

康复患者洗消模块（图7）。

4.3.3 病区护理单元

病区护理单元可分为隔断式护理单元（图8）与负压隔离单元（图9）。隔断式护理单元适用于轻症与康复观察病患，负压隔离单元适用于重症转运病患。两种护理单元方式可根据实际需求选配。

五、结构与构造设计

5.1 设计原则

5.1.1 建筑功能及平面改造使用的主材应符合防火、环保、轻型的要求，建造方式宜满足可快速拼装和拆卸的要求。

5.1.2 注重对原有主体结构的保护，复核增设的隔墙、设施和设备等荷载是否对原结构安全产生影响。

5.2 主要设计内容及技术要点

5.2.1 既有结构安全评估

复核改造后建筑物的整体重量，不应超过原有建筑物实际重量的 1.1 倍。

对新增分隔墙体、增设重型医疗设备的各个局部结构单元，复核其竖向荷载下的楼盖承载能力，局部不足时，可增设临时支撑。部分重型设备可通过调整布置位置至竖向承重构件周边等措施，避免对主体结构进行加固。

5.2.2 馆外新增结构

对无法避免的馆外新增小型建筑物，宜采用装配整体式单元结构组合而成。

5.2.3 构造设计

1）室内新增的隔墙，应采用装配式轻质墙板或轻钢龙骨墙板；位于比赛大厅的隔断，宜尽可能采用组合自立式成品，避免在比赛大厅设置临时锚栓等，尽量减少对原有楼地面造成损伤。

2）对架空的较重管道和设备应另行设置相应的设备支架。

3）室外新增钢结构的露天部分应有防腐措施。室外装配式临时工程，宜架空处理；直接落地时，落地处局部向外找坡，防止钢柱脚腐蚀。

六、给水排水设计

6.1 设计原则

6.1.1 改建后建筑给水排水系统安全、卫生、适用、经济。给水排水设计应符合现行国家标准《建筑给水排水设计标准》（GB 50015—2019）、《传染病医院建筑设计规范》（GB 50849—2020）及《新型冠状病毒感染的肺炎传染病应急医疗设施设计标准》（T/CECS 661—2014）的规定。

6.1.2* 严禁未经消毒处理或处理未达标的隔离区生活污废水、医疗废水排放至市政排水管网。

6.1.3 原有给水排水系统仅用于清洁区，不进行改造。新增设备和系统用于污染区和半污染区，在满足临时医疗中心使用需求的同时，宜施工方便、快捷且便于后期拆除、恢复。

6.1.4 消防设施配置应符合应急部消防救援局《发热病患集中收治临时医院防火技术要求》的有关规定。

6.2 主要设计内容及技术要点

6.2.1 给水系统

1）生活给水水质，应符合现行国家标准《生活饮用水卫生标准》（GB 5749—2016）的有关规定。最高日用水定额可按每床每天 80 ～ 120 L 计。

2）* 供水系统应设置减压型倒流防止器防止回流污染，当系统风险高时，应采用断流水箱加水泵供水方式，且应设置消毒设备。

3）洗浴区生活热水系统宜采用集中供应系统。加热方式宜采用空气源热泵，当采用电热水器时，必须带有保证使用安全的装置。

4）每个隔离病区应单独设置饮用水供水点，宜采用电开水器。

6.2.2 排水系统

1）生活污水与雨水应分别收集，消毒池前室外污水管网采用无检查井的管道连接方式。

2）患者出入口及室外场地应加强地面防护及消毒措施；有条件的可对初期雨水进行收集消毒后排放，初期雨水量按降雨量 15～25 mm 计算。

3）在车辆出入口处应设冲洗和消毒设施，消毒废水应排入污水系统。

4）污染区与半污染区的卫生器具和装置的污废水与排水通气系统均应独立设置。

5）* 通气管口四周通风良好，且通气管口应设置高效过滤器和其他消毒设备。

6）排水系统应采取有效的防止水封破坏的技术措施，可采用洗手盆的排水给地漏水封补水。

7）污染区和半污染区的空调冷凝水应分别收集排入多通道地漏。

6.2.3 污水处理

1）污水处理包括污水处理系统、废气处理系统、消毒系统等。

2）* 半污染区、污染区污废水必须预消毒后排入化粪池，并应经二次消毒达标后排放至市政污水管网。

3）污水在化粪池中的停留时间不应少于 36 h。

4）消毒池、化粪池等均应封闭，废气应收集消毒。

5）预消毒池宜采用臭氧消毒，消毒时间不应小于 0.5 h；消毒池消毒时间不应小于 2.0 h。

6.2.4 消防

1）根据现行国家标准《建筑灭火器配置设计规范》（GB 50140—2019）有关规定，建筑灭火器按严重危险级场所配置。

2）贵重设备用房应设置气体灭火装置。

3）在新增生活给水系统上设置消防软管卷盘，其布置应满足至少有1股水柱到达室内任何部位的要求。

6.3 相关技术方案及建议

6.3.1 充分利用原有卫生设施和给水排水系统为清洁区医护人员使用，新增卫生设施和给水排水系统为污染区患者及半污染区医护人员使用。

6.3.2 新增供水系统采用装配式不锈钢箱泵供水设备，设置在清洁区，用于新增的用水设施和消防卷盘。

6.3.3 新增热水系统采用模块化空气源热泵机组，设置在室外清洁区，用于患者及医护人员洗浴。

6.3.4 新增的通气管口设置高效过滤器和其他消毒设备。

6.3.5 新增的室外污水排水管网采用无检查井的管道连接方式，并根据要求设置通气管及清扫口。

6.3.6 新增的污水处理系统采用预消毒→化粪池→消毒池工艺，并配备废气处理系统。

七、通风与空调设计

7.1 设计原则

7.1.1* 应调研核实原通风空调系统的现状，并根据应急临时医疗中心建设要求及使用特点确定通风空调系统改造方案，充分利用既有设备设施，适宜改造。

7.1.2* 通风空调系统应按清洁区、半污染区、污染区分区域独立设置。

7.1.3* 通风空调系统的送排风机应设置在清洁区，且半污染区、污染区的排风机应设置在清洁区专用机房内或室外安全处，送排风机不应设于同一机房内。

7.1.4 通风空调系统中不应安装对人体有损害的臭氧、紫外线等消毒装置。

7.1.5 防排烟系统设计按《建筑设计防火规范》（GB 50016—2019）及《建筑防烟排烟系统技术标准》（GB 51251—2017）等规范及标准的有关规定执行，同时兼顾医院应急和临时的特点。

7.2 通风空调系统

7.2.1 设有空调系统时，各功能房间温度宜控制在 18 ~ 28℃。

7.2.2 清洁区可采取机械通风方式或自然通风；半污染区、污染区应采取机械通风方式。

7.2.3* 负压隔离单元的最小换气次数应不小于 12 次 /h，患者集中收治区的最小换气次数应不小于 12 次 /h（以 2.5 m 高度为计算依据），半污染区的最小换气次数应不小于 6 次 /h。机械通风系统的送排风量，应能保证各区压力梯度要求。

7.2.4* 污染区、半污染区排风系统应设高效过滤器，排风的高效过滤器应安装在房间的排风口处。

7.2.5 患者集中收治区厕所及盥洗间应设排风系统，满足换气次数 12 次 /h，排风口处应安装高效过滤器。

7.2.6 应根据实际情况设置送、排风机的安装位置，半污染区、污染区的排风机应当设在排风管路末端，排风系统的排出口不应临近人员活动区，且宜高空排放。新风取风口及其周围环境必须清洁，保证新风不被污染。排风系统的排出口、污水通气管与送风系统取风口水平距离不得小于 20 m 或垂直距离不得小于 6 m。

7.2.7 检验室内检验台、通风橱应设独立的排风系统，室外排风出口应设置在高处，具体要求按《生物安全实验室建筑技术规范》(GB 50346—2011) 执行。

7.2.8* 管道穿越污染区、半污染区的围护结构处应采取密封措施。

7.3 气流组织与压差控制

7.3.1* 不同污染等级区域压力梯度的设置应符合定向气流组织原则，应保证气流从清洁区→半污染区→污染区方向流动。

7.3.2 相邻相通不同污染等级房间的压差（负压）不小于 5 Pa，负压程度由高到低依次为患者集中收治区、缓冲间与半污染区；清洁区气压相对室外大气压宜保持正压。

7.3.3 房间送风口与排风口布置应符合定向气流组织原则，气流组织应防止送排风气流短路。

7.3.4 医护人员通过"一次更衣→二次更衣→缓冲间"后，从清洁区进入到隔离区，在"一次更衣"设置不小于 30 次 /h 的送风，各相邻隔间设置 D300 通风短管，气流流向从清洁区至隔离区。医护人员通过"缓冲间→脱隔离服间→脱防护服间→脱制服间→淋浴间→一次更衣"后，从隔离区返回清洁区，在"缓冲间→脱隔离服间"设置不小于 30 次 /h 的排风，各相邻隔间设置 D300 通风短管，气流流向从清洁区至隔离区。

7.4 相关技术方案及建议

7.4.1 患者集中收治区可将原有的全空气空调系统切换为全新风运行模式，关闭回风阀（不得漏风），全开新风阀，同时送风机变频（或者台数控制）调整风量至所需送风量。有条件时空调机组可增设空气净化消毒装置。

7.4.2 患者集中收治区可利用原有的排风机及排风主管机械排风；如无法利用原有的排风机及排风主管时，应增设排风系统。患者集中收治区通风系统应考虑风量平衡措施，排风量为送风量的 1.2 倍。

7.4.3 患者集中收治区排风口宜通过立管引至下部，形成上送下排的有序气流组织，风管可考虑采用成品风管等能快捷安装的管道。

7.4.4 半污染区如原通风系统不满足临时医疗中心的要求，可增设明装的机械送排风系统，排风量大于送风量，保持负压，送风应经过初效、中效、亚高效过滤器三级过滤处理。

7.4.5 清洁区可保留原新风系统或增设新风系统，关闭原排风系统，清洁区宜保持正压。

7.4.6 患者集中收治区的空调系统由回风工况调整为全新风工况，送风温度达不到要求时，可考虑开大机组水阀，提高供回水温差等措施。

7.4.7 患者集中收治区可在各区域适当布置具有杀菌消毒功能的空气净化器。冬季室内温度过低时，患者集中收治区可在各区域适当布置电热供暖设施。

八、电气设计

8.1 设计原则

8.1.1 电气设计应符合临时医疗中心防控及诊疗要求。

8.1.2 应充分利用原有供配电系统，兼顾建设方便快捷。

8.1.3 电气设计不应对体育馆原配电系统产生不利影响，确保体育馆可复用。

8.2 主要设计内容及技术要点

8.2.1 负压隔离病房（区）机械通风设施、污水处理设备应为一级负荷中的特别重要负荷，其他负荷等级参照《医疗建筑电气设计规范》（JGJ 3112—2013）规定执行。

8.2.2 临时医疗中心变配电系统变压器容量应满足临时医疗中心 80-120 VA/m² 要求，当原体育馆变配电系统变压器容量满足临时医疗中心用电要求时，宜采用现有变配电系统；当原体育馆变配电系统变压器容量不能满足临时医疗中心用电要求时，采用增设成套箱式变配电站方式，满足临时医疗中心用电要求。

8.2.3* 临时医疗中心应设置应急备用电源，应急备用电源宜采用室外防雨静音型箱式柴油发电机组或应急移动柴油发电车。柴油发电机组，在市电停电时，15 s 内自动启动并供电，容量应满足所有一级负荷和二级负荷用电要求，应自带日用油箱，并留有供油接口，连续供电时间不小 24 h。

8.2.4 对于中断供电时间不得大于 15 s 的电气负荷，应设置 UPS 不间断电源装置，供电持续时间不应小于 15 min。

8.2.5 临时医疗中心的配电箱（柜）、控制箱（柜）应设置在非污染区，宜设置在专用房间内。

8.2.6 负压隔离病房通风和空调系统配电线路应采用双回路专用线路供电，双电源在末级配电箱（柜）切换，控制宜采用成套定型产品，并满足通风空调联动控制要求，宜在护士站（值班室）设置集中监控装置。

8.2.7 临时医疗中心重症区域的照明与模块化重症隔间一体化配套，隔离区及其他场所正常照明宜采用原来场所的照明，隔离单元和隔离区走廊应设置夜间值班照明，隔离区照明宜在护士站（或值班室）统一控制。

8.2.8 考虑应急特征，临时医院消防应急照明和疏散指示标志灯的备用电源连续供电时间不应少于1 h；疏散通道上疏散照明的地面最低水平照度不应低于10 lx。应急疏散照明系统参照《消防应急照明和疏散指示系统技术标准》（GB 51309—2019）的要求设计。

8.2.9 医疗场所及其他需要灭菌消毒的场所应设置紫外杀菌灯或空气灭菌器插座。紫外杀菌灯应采用专用开关，不得与普通灯开关并列，应设专用标识，距地宜为1.8 m。平时有人滞留的场所若采用紫外杀菌灯，宜采用间接式灯具或照射角度可调节的灯具。

8.2.10 线路选型及敷设，电线电缆应采用低烟无卤阻燃型。消防负荷供电线缆的选型应符合现行国家标准《建筑设计防火规范》（GB 50016—2019）的有关规定。线缆宜在槽盒内及穿线管明敷设，槽盒及穿线管应采用不燃型材料，线路穿越防火分区隔墙的缝隙及槽口、管口应采用不燃材料可靠密封,线路穿越清洁区、污染区和半污染区隔墙的缝隙及槽口、管口应可靠封堵。

8.2.11 防雷与接地系统应利用体育馆已建的防雷接地系统，临时医疗中心的保护接地、功能性接地、屏蔽接地等共用接地系统。抢救室、治疗室、淋浴间或有洗浴功能的卫生间等应采取辅助局部等电位联结。

8.2.12 供配电系统和消防设计应符合现行国家和江苏省颁布的规范与标准要求，特殊情况应通过专家与行政管理部门协商决定。

8.3 相关技术方案及建议

8.3.1 了解体育馆变配电系统变压器安装容量，确定是否增设箱式变配电站。

8.3.2 设置室外防雨静音箱式柴油发电机组做应急电源。

8.3.3 在建筑内增设临时配电间、配电系统满足临时医疗中心用电。

8.3.4 利用临时医疗区原建筑场所照明，结合改造增补夜间值班照明、应急照明、应急疏散指示照明。

8.3.5 结合临时医疗中心隔断设置形式按现行规范设置火灾自动报警及消防联动控制，并接入体育馆火灾自动报警与消防联动控制系统。

九、智能化设计

9.1 设计原则

9.1.1 智能化设计应符合临时医疗中心防控及诊治要求。

9.1.2 改造工程应充分利用体育馆的智能化系统、信息机房及相关设施，为改建提供便利。

9.1.3 临时医疗中心区域的信息传输系统宜采用有线与无线相结合的方式，优先采用无线方式。

9.1.4 改造工程不应对体育馆原智能化系统产生不利影响，确保体育馆可复用。

9.2 主要设计内容及技术要点

9.2.1 临时医疗中心应配置信息网络系统、电话交换系统、安全防范系统、公共广播系统、护理呼叫信号系统等，宜配置远程会诊（会议）系统、信息导引与发布系统、无线对讲系统、探视系统、视频监护系统、有线电视系统、建筑设备监控系统等。

9.2.2 信息网络系统应包括公共信息网络和医务专用信息网络，宜设置设备专用信息网络。三套信息网络宜物理隔离，当接入体育馆已建网络系统时，临时医疗中心区域设为专用子网，不具备物理隔离条件时，采用虚拟网逻辑隔离。设置 AP 实现 Wi-Fi 全覆盖。

9.2.3 安全防范系统包含视频监控、入侵报警、手动应急报警和出入口控制系统，宜在体育馆已建的系统中扩展完善。

9.2.4* 根据医疗流程设置出入口控制系统，对污染区、半污染区与清洁区进行医疗流线管理；系统采用非接触式识别方式，当发生火灾或出入口控制装置电源发生故障时，出入口控制应处于开启状态。

9.2.5 隔离病房宜设置探视系统和视频监护系统，病房探视和护理呼叫信号系统宜采用无线传输系统形式，视频监护系统宜自成系统。

9.2.6 临时医疗中心清洁区宜设置远程会诊（会议）系统，除具备远程会诊、视频会议功能外，还应具有应急响应功能。

9.2.7 智能化系统线路选型宜采用低烟无卤阻燃型。线缆宜在槽盒内及穿线管明敷设，槽盒及穿线管应采用不燃型材料，线路穿越防火分区隔墙的缝隙及槽口、管口应采用不燃材料可靠密封，线路穿越清洁区、污染区和半污染区隔墙的缝隙及槽口、管口应可靠封堵。

9.3 相关技术方案及建议

9.3.1 公共信息网络、建筑设备专用信息网络可接入体育馆已建的对应信息网络，共用网络设备。

9.3.2 布线系统信息插座位数量需求参考：

重症监护病房每床位设置 2 个医务专网信息插座；轻症病区内按全覆盖原则设置无线 AP 点；护士站设置 1 个语音插座、3 个医务专网插座；医护办公室每个工位设置 1 个语音插座、1 个医务专网插座、1 个公共信息网插座；处置室、治疗室、值班室设置 1 个语音插座、1 个医务专网插座；诊断报告室、检验室、设备操作间的每个工位设置 1 个语音插座、1 个医务专网插座；每台医疗检验、检查设备设置 1 个医务专网插座；每间医护宿舍设置 1 个语音插座、1 个公共信息网插座、1 个无线 AP 点；会议室、会诊室设置 1 个语音插座、2 个医务专网插座、2 个公共信息网插座、1 个无线 AP 点。污水处理站预留网络及电话接入条件，用于水质在线监测，也可通过移动通信网络上传检测信息。

9.3.3 视频安防监控系统在改建区域内做本地存储，系统接入原建筑已有视频安防监控系统，共享音视频信息。

9.3.4 有线电视系统接入原建筑有线电视系统。

9.3.5 公共广播系统按照污染区与半污染区、清洁区功能分区划分广播回路。

十、建设、运行和维护

改造设计的编制工作要充分了解应急状态下快速改造工程的前期准备、施工建设、运行和维护的相关内容。

10.1 建设

鉴于临时医疗中心应急改造的紧急性和特殊性，在建设改造过程中，施工单位务必严格按图施工，确保救治中心的各项功能圆满实现。设计单位应派设计师驻现场，随时解决施工过程中遇到的问题，确保工程顺利实施。建设单位在地方政府统筹安排下，在提前做好体育馆应急改造设计预案的同时，还要做好相关材料、设备设施、装配式成品单元模块等相关内容的采购预案，便于快速供应，保障工程顺利实施。

10.2 运行和维护

在进行改造设计预案的同时，应同步制定临时医疗中心的运行管理预案，确保安全、有序、高效地开展相应救治工作。

在运营过程中，应严格按照设施设备操作要求进行运行与维护。管理人员必须加强定期巡查，确保设施设备运行安全。对废水、废弃物的处置，务必按规定巡查检测和抽查，确保达标排放。

设施设备的检修和更换，必须由专业人员进行操作，必须做好自我防护。可能被污染的设施设备拆除后，应与医疗废弃物一样进行消毒处理。

十一、设计概算

1）设计概算应根据工程造价管理机构发布的工程计价依据，以及编制同期的人工、材料、设备、机械台班市场价格，合理确定。

2）应急改造工程费用主要包括建筑安装工程费和设备及工器具购置费，其中建筑安装工程费用一般包括既有建筑拆改工程、场地地基及防渗处理工程、建筑及装饰工程、给排水及热水工程、雨污水收集及处理、空调通风工程、消防工程、电气工程、智能化工程、医用气体工程、净化工程、配套室外交通、洗消场地、防护隔离工程、水电基础设施配套建设工程等。与医疗相关的医疗器械设备、家具、人员防火设施等非建筑类设备及工器具购置费，单独计算。

3）作为应急工程，现场各类人员、物资、设备均需紧急调用，以项目进度为先，普遍存在备用人员、设备机械多，同时紧急购买及运输费用高、现场交叉作业降低工效等因素，项目费用应在定额基础上合理考虑该部分的增加费用。

4）应急改造优先考虑满足功能需要，充分利用现状或采用可循环材料，力求经济合理。

注：标有"＊"号的条目为重要的指南条文，应予以充分重视。

十二、附录

附录1：医疗类建筑相关规范及标准

序号	名称	编号	类别
医疗类建筑相关主要建设标准			
1	建筑设计防火规范	GB 50016—2019	国家标准
2	传染病医院建设标准	建标 173—2016	建设标准
3	传染病医院建筑设计规范	GB 50849—2014	国家标准
4	传染病医院建筑施工及验收规范	GB 50686—2011	国家标准
5	综合医院建筑设计规范	GB 51039—2014	国家标准
6	医用气体工程技术规范	GB 50751—2012	国家标准
7	医院负压隔离病房环境控制要求	GB/T 35428—2017	国家标准
8	医疗机构水污染物排放标准	GB 18466—2005	国家标准
9	医院安全技术防范系统要求	GB/T 31458—2015	国家标准
10	城镇污水处理厂污染物排放标准	GB 18918—2002	国家标准
11	医院污水处理工程技术规范	HJ 2029—2013	国家标准
12	室外排水设计规范	GB 50014—2006	国家标准
13	氯气安全规程	GB 11984—2008	国家标准
14	疫源地消毒总则	GB 19193—2015	国家标准
15	医院隔离技术规范	WS/T 311—2009	行业标准
16	医院感染检测规范	WS/T 312—2009	行业标准
17	医院空气净化管理规范	WS/T 368—2012	行业标准
18	医院中央空调系统运行管理	WS 488—2016	行业标准
19	重症监护病房医院感染预防与控制规范	WS/T 509—2016	行业标准
20	病区医院感染管理规范	WS/T 510—2016	行业标准

续表

序号	名称	编号	类别
国家颁发的指导性条文			
21	关于印发新冠肺炎患者隔离病区设置及感控基本要求的通知	苏防救治〔2020〕7号	指导性条文
22	关于做好新型冠状病毒感染的肺炎疫情医疗污水和城镇污水监管工作的通知	环办水体函〔2020〕52号	指导性条文
23	新型冠状病毒污染的医疗污水应急处理技术方案（试行）	环办水体函〔2020〕52号（附件）	指导性条文
24	关于印发新型冠状病毒肺炎应急救治设施设计导则（试行）的通知	国卫办规划函〔2020〕111号	指导性条文

附录 2: 相关医疗设备

设备名称	必选项	可选项
检查设备		
CT		◆
移动 DR		◆
B 超	◆	
心电图机	◆	
移动 X 光机	◆	
显微镜	◆	
离心机	◆	
血细胞分析仪	◆	
尿液分析仪	◆	
干式生化分析仪	◆	
血气分析仪	◆	
AGV 机器人		◆

注：CT 等大型医技设备可采用室外移动方舱车。

附录 3：相关技术图示

图 1
病床区通道
宽度图示

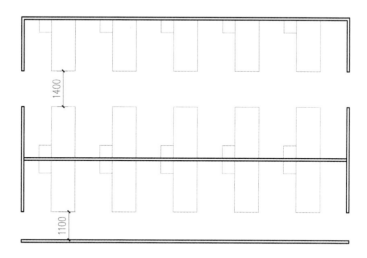

图 2
方案示例一

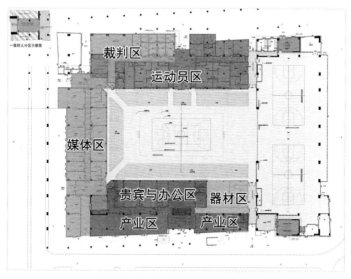

图 2-1 体育馆原始平面—功能分区

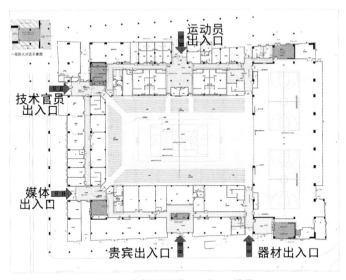

图 2-2 体育馆原始平面—出入口设置

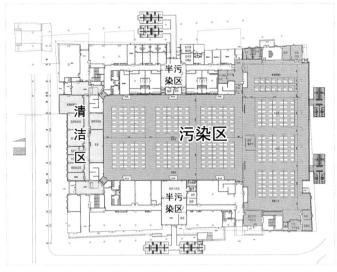

图 2-3 改造设计—功能分区

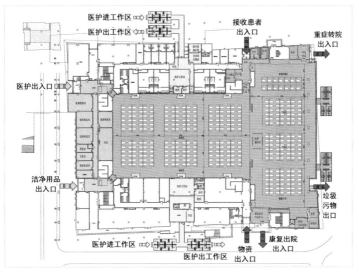

图 2-4 改造设计—出入口设置

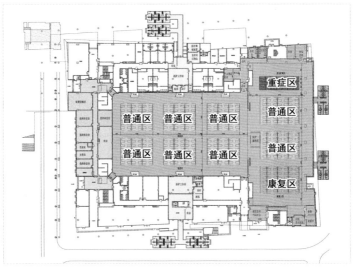

图 2-5 改造设计—病房分区

图 3 方案示例二

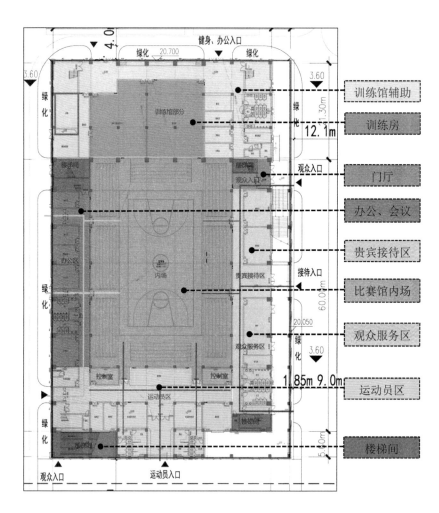

训练馆辅助

训练房 12.1m

门厅

办公、会议

贵宾接待区

比赛馆内场

观众服务区

运动员区

楼梯间

图 3-1 体育馆原始平面—功能分区及流线

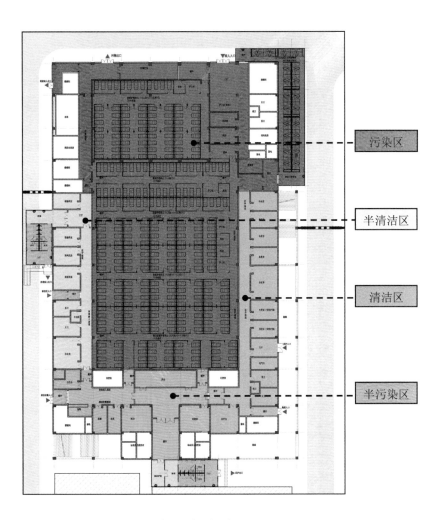

污染区

半清洁区

清洁区

半污染区

图 3-2 改造设计—洁污分区

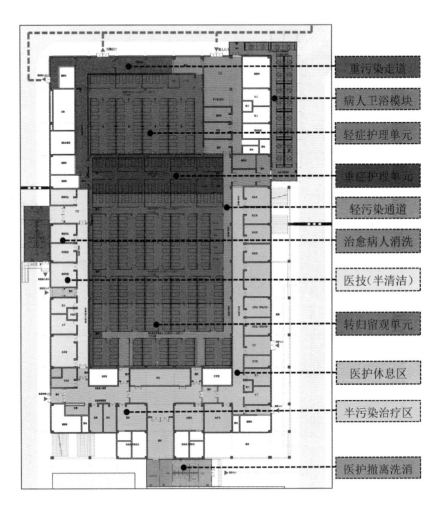

重污染走道

病人卫浴模块

轻症护理单元

重症护理单元

轻污染通道

治愈病人消洗

医技(半清洁)

转归留观单元

医护休息区

半污染治疗区

医护撤离洗消

图 3-3 改造设计—功能分析

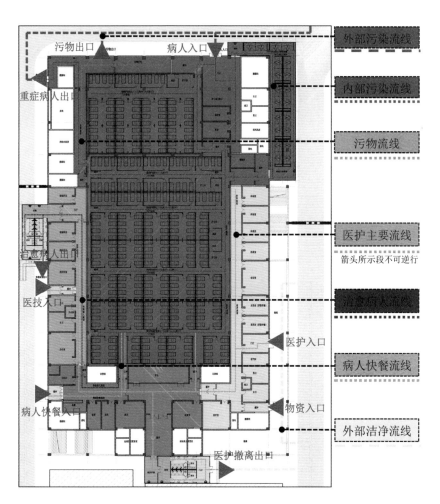

污物出口　病人入口

重症病人出口

泡患病人出口

医技入口

病人快餐入口

医护入口

物资入口

医护撤离出口

外部污染流线

内部污染流线

污物流线

医护主要流线

箭头所示段不可逆行

泡患病人流线

病人快餐流线

外部洁净流线

图 3-4　改造设计—流线分析

图 4-4 方案示例三

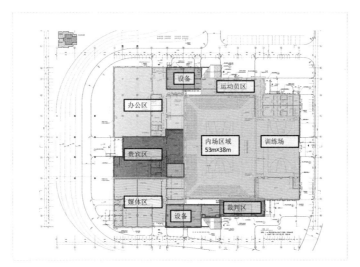

图 4-1 体育馆原始平面—功能分区

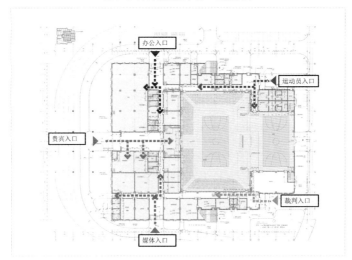

图 4-2 体育馆原始平面—流线分析

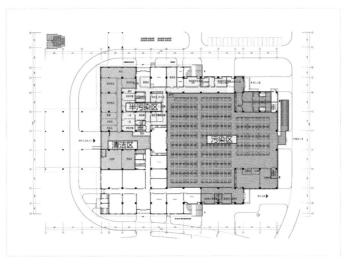

图 4-3 改造设计—洁污分区

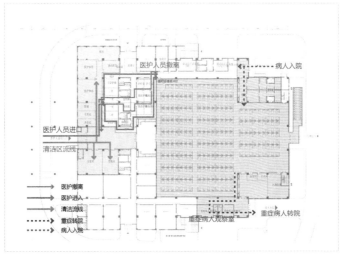

图 4-4 改造设计—流线分析

图5 医护卫生通过模块示例

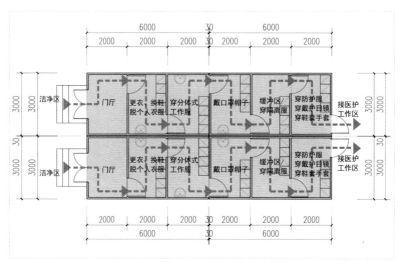

图 5-1 医护卫生通过进入模块平面

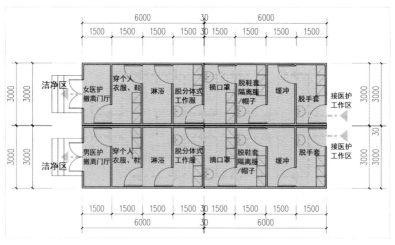

图 5-2 医护卫生通过撤离模块平面

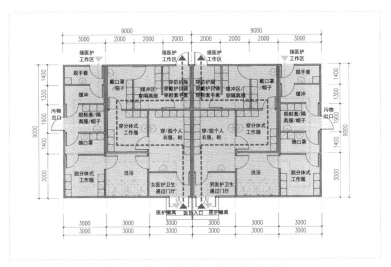

图 5-3 医护卫生通过进入撤离合并模块平面

图 6 病患卫浴模块示例

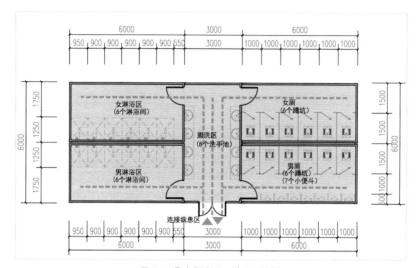

图 6-1 集中盥洗区 + 独立卫浴间

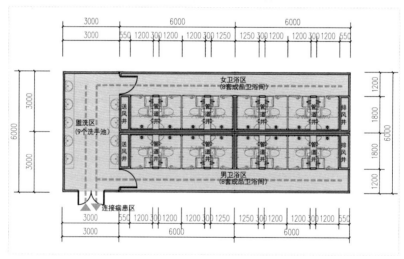

图 6-2 集中盥洗区 + 集中卫浴区

图 7 康复患者洗消模块

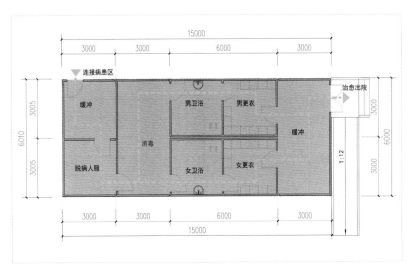

图 8　病区护理单元

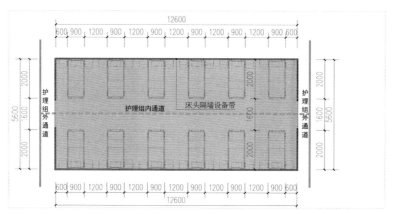

图 8-1　每单元 12 床位

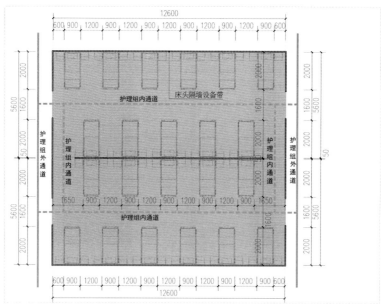

图 8-2　每单元 22 床位

图 9
负压隔离单元

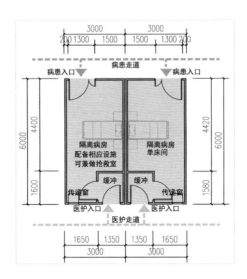

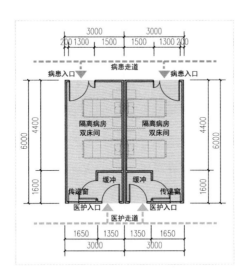

致　谢

在《公共卫生事件下体育馆应急改造为临时医疗中心设计指南》编制过程中，东南大学建筑设计研究院、南京大学建筑规划设计研究院、江苏省建筑设计研究院作为主编单位，在短时间内高质量地完成《指南》撰写，做了大量的技术工作，在此深表谢意。

冯正功、张应鹏、孙逊、陈苏、宋建刚、张建忠、冯丁、姜亦虹等诸位专家对《指南》做了严谨科学的技术论证，并从建筑、结构、暖通、给排水、电气、智能化、医疗等方面给出完善建议，在此一并表示感谢。

主持单位：

江苏省住房和城乡建设厅

主编单位：

东南大学建筑设计研究院有限公司

南京大学建筑规划设计研究院有限公司

江苏省建筑设计研究院有限公司

主要编写人员：

韩冬青	刘大威	曹 伟	廖 杰	刘志军
侯彦普	吉英雷	陶 峻	吴丹丹	张 芽	张咏秋
夏卓平	邱建中	陈 俊	臧 胜	赵 越	陈洪亮
李 骥	梁沙河	韩重庆	齐 叶	于 春

主要校审人员：

高 崧	冯金龙	卢中强
刘 俊	郭 飞	龚德建	陈火明	陈礼贵	范大勇
汤荣广	金如元	张 飞	殷伟韬	袁 俊	朱 莉
朱筱俊	朱鸣宇	刘畅然	王智劼	史旭辉	朱东风

医疗顾问：

冯 丁	许云松	姜亦虹

图书在版编目（CIP）数据

韧性人居：新冠防疫时期东南建筑学者的思考：上、下册 / 东南大学建筑学院，东南大学建筑设计研究院有限公司著. — 南京：东南大学出版社，2020.12
　　ISBN 978-7-5641-9111-5

　　Ⅰ. ①韧… Ⅱ. ①东… ②东… Ⅲ. ①医院-建筑设计-文集. Ⅳ. TU246.1-53

　　中国版本图书馆CIP数据核字（2020）第177382号

韧性人居：新冠防疫时期东南建筑学者的思考　下册
RENXING RENJU: XINGUAN FANGYI SHIQI DONGNAN JIANZHU XUEZHE DE SIKAO　XIACE

著　　者：东南大学建筑学院，东南大学建筑设计研究院有限公司
责任编辑：戴　丽　魏晓平
责任印制：周荣虎
出　　行：东南大学出版社
地　　址：南京市四牌楼2号　邮编：210096
出 版 人：江建中
网　　址：http://www.seupress.com
电子邮箱：press@seupress.com
印　　刷：上海雅昌艺术印刷有限公司
经　　销：全国各地新华书店
开　　本：700 mm × 1000 mm　1/16
印　　张：39.75
字　　数：482 千字
版　　次：2020 年 12 月第 1 版
印　　次：2020 年 12 月第 1 次印刷
书　　号：ISBN 978-7-5641-9111-5
定　　价：160.00 元（上、下册）

（若有印装质量问题，请与营销部联系。电话：025-83791830）